西安石油大学油气资源经济与管理中心资助出版
陕西省社会科学基金项目资助出版
陕西省教育厅专项科研计划项目资助出版
西安石油大学创新与创业管理研究团队资助出版

U0186872

复杂装备可靠性分析及维修决策研究

董仲慧◎著

中国原子能出版社

China Atomic Energy Press

图书在版编目（CIP）数据

复杂装备可靠性分析及维修决策研究 / 董仲慧著

. 一北京：中国原子能出版社，2021.4

ISBN 978-7-5221-1280-0

Ⅰ.①复⋯ Ⅱ.①董⋯ Ⅲ.①机械设备—运行—可靠性—分析②机械设备—设备检修—决策—研究 Ⅳ.①TH17

中国版本图书馆CIP数据核字（2021）第041820号

复杂装备可靠性分析及维修决策研究

出版发行	中国原子能出版社（北京市海淀区阜成路43号　100048）	
责任编辑	左浚茹	
印　　刷	天津中印联印务有限公司	
经　　销	全国新华书店	
开　　本	710mm×1000mm　1/16	
印　　张	10	
字　　数	145 千字	
版　　次	2021 年 4 月第 1 版　2021 年 4 月第 1 次印刷	
书　　号	ISBN 978-7-5221-1280-0	
定　　价	42.00 元	

网址：http://www.aep.com.cn　　　　E-mail：atomep123@126.com

发行电话：010-68452845　　　　　版权所有　侵权必究

前　言

　　随着现代装备系统日益朝着深度感知、智慧决策、自动化执行的方向发展，其设备组成单元种类繁多、结构复杂，这类装备一旦出现故障会造成严重的经济损失。因此复杂装备的稳定性、可靠性、维修性成为人们关注的重点，如何保证复杂装备运行可靠性已成为企业和科研单位面临的重大课题。为保障装备的可靠运行，需对装备进行准确的可靠性分析并提出合理有效的维修策略。本书从定性和定量两个角度研究了复杂装备运行过程可靠性分析及维修决策问题，在综述装备可靠性、设备维修相关领域的理论、建模和研究现状的基础上，构建了复杂装备可靠性分析和维修决策模型，提出了针对装备运行过程中的可靠性分析和维修决策方法，并通过算例仿真对各模型的有效性进行了验证，不仅提高了装备运行过程可靠性分析与维修决策的科学性及精确性，而且为企业进行装备维护管理决策提供了参考和依据，一定程度上解决了传统装备系统可靠性分析及维修决策在实际应用中的困难和缺陷，并为复杂装备运行过程可靠性分析及维修决策提供了新思路。

　　与以往研究相比，本书主要研究内容和成果包括以下几个方面：

　　（1）提出了复杂装备运行过程可靠性分析与维修决策研究框架。通过论述复杂装备运行可靠性相关理论，针对其功能繁多、结构复杂、多故障源等特点，将多态可靠性理论、重要度理论、通用生成函数、证据理论引入复杂装备的运行过程的可靠性分析中，探讨了装备及元件多状态退化机理，在此基础上提出了装备系统服役阶段的可靠性分析研究框架，为复杂装备可靠性分析及维修决策的制定奠定了理论支撑。

（2）在合理测度复杂装备子系统多元可靠性基础上，构建子系统 GERT 网络，并提出了基于元件可靠性的复杂装备 GERT 网络模型。设计相关算法和诊断复杂装备系统内部的可靠性波动传递过程，分析了串联结构、并联结构、混联结构的 GERT 网络模型的基本特征。定义了复杂装备可靠性水平影响参数及子系统性能水平的综合因子，以识别复杂装备关键子系统及部件。

（3）在综合重要度理论基础上开展了多状态复杂装备更换维修决策优化研究，构建了基于全寿命周期综合重要度的复杂装备更换维修模型。结合 Griffith 重要度，给出了全寿命周期综合重要度计算方法，分析了元件寿命和维修时间服从指数分布时，全寿命周期综合重要度的基本性质，证明了串—并联、并—串联典型混联结构装备系统的全寿命周期综合重要度计算过程，并通过仿真分析验证了全寿命周期综合重要度在装备更换维修中的应用有效性，为企业采取更换维修时提供决策支持。

（4）提出基于双层模糊综合评价的复杂装备维修决策方法，考虑复杂装备组成结构，以油田作业驱动设备燃驱压缩机为研究对象，分析燃驱压缩机所有故障模式，并考虑装备实际运行特征，利用装备实际运行数据，采用双层模糊综合评价方法进行设备维修，并以设备控制单元探头为例，进行了方法有效性的验证，为复杂装备及子系统的维修决策提供方法支持。

（5）提出了基于模糊 D-S 理论的复杂装备维修方案决策优化方法。针对现有维修方案评估指标体系普适性不强的问题，梳理以往文献研究构建维修方案评估的初始指标体系，通过企业访谈和专家调查进一步完善了指标体系，提高了指标的适用性。针对专家评估信息中的不确定性和冲突问题，引入证据理论，通过证据"相对可信度"和焦元"识别一致性"概念修改原始证据理论及合成规则。采用直觉模糊集描述专家评语，构建模糊判断矩阵，运用主观赋权和客观赋权相结合的"结构熵权法"确定指标权重，以 TOPSIS 方法实现维修方案的筛选，有效地解决了传统方法在计算过程中的不确定性和模糊性，提高了维修方案决策优化的合理性和精确性。

本书由西安石油大学油气资源经济与管理研究中心和西安石油大学创新与创业管理研究团队资助出版。本书得到陕西省社会科学基金项目："关键干系行为对企业协同创新绩效的影响——基于陕西装备制造业的实证研究"（2019S019）、陕西省教育厅专项科研计划项目："关键干系人行为偏好对企业协同研发影响机理研究"（JK190646）的资助，在此表示感谢。

目　录

第一章 绪论

随着信息技术的发展，经济全球化的需求，装备系统向柔性化、精密化、智能化发展，如具有深度感知、智慧决策、自动执行功能的高档数控机床、工业机器人等。此类装备系统可显著提高生产效率，改善生产环境，提升产品质量，降低企业运营成本。但与之对应的是这类复杂装备一旦出现故障，会使得企业产生重大损失，复杂装备运行维护成为影响企业核心竞争力的关键因素，企业对高端装备的运行可靠性提出越来越高的要求。因此，复杂系统运行过程可靠性问题，合理有效的维修决策问题，已成为当前复杂装备领域的国际热点和亟需研究的难题。本章对装备可靠性及维修决策研究的发展状况及本书的主要研究内容、框架进行阐述。

1.1 研究背景及意义

1.1.1 课题研究背景

装备制造业是反映国民经济水平的支柱性、战略性产业，是衡量综合国力的重要标志。针对我国装备技术发展的需求，复杂装备的可靠性分析受到了国家重视。《中国制造2025》提出"使重大装备的性能稳定性、质量可靠性、环境适应性、使用寿命等指标达到国际同类产品先进水平"和"大力提高国防装备质量可靠性，增强国防装备实战能力"。在大型飞机、航空发动机及燃气轮机等重大工程中，装备可靠性是关注重点。复杂装备可靠性分析研究符合国家的战略需求，因此相关的理论和实践技术是重要的研究课题。

新中国成立尤其是改革开放以来，我国制造业持续快速发展，建成了门类齐全、独立完整的产业体系，有力推动了工业化和现代化进程，显著增强了综合国力。然而，与世界先进水平相比，我国仍处于工业化进程中，与先进国家相比还有较大差距。制造业大而不强，自主创新能力弱，关键核心技术与高端装备对外依存度高，以企业为主体的制造业创新体系不完善；产品档次不高，缺乏世界知名品牌；产品资源能源利用率低下，外部环境污染严重；产业结构不合理，高端装备制造业和生产性服务业发展滞后；信息化水平不高，与工业化融合深度不够；产业国际化程度不高，企业全球化经营能力不足，转型升级和跨越式发展的任务紧迫而艰巨。

开展复杂装备运行可靠性分析及维修策略的研究是加快制造与服务协同发展，促进生产型制造向服务型制造转变的重要途径。装备制造业向服务化、全球化方向发展。在此背景下设备的潜在客户遍布全球，由于客户设备维护水平参差不齐，不具备维护条件的企业产生了需要装备生产企业继续进行设备维护的需求，使得装备制造与服务相互融合，企业从提供产品向提供产品和服务转变，从提供设备向提供系统集成总承包商转变，从提供产品向提供整体解决方案转变。因此，有必要在复杂装备服役阶段对以可靠性分析、维修决策为核心的服务过程进行优化，提升企业服务水平，将是促进装备制造业转型升级的重要手段。

复杂装备日益复杂化、精密化、智能化，需要很高的可靠性，同时设备维修困难重重，以事后维修、计划维修的传统维修方式难以满足设备需求，需要进一步研究以提供高端装备维护的理论与技术支撑。如宇宙飞船、空间航天站、LNG船等这些都是高科技产品，其结构及功能的复杂性、相关性、耦合性、不确定性等特点，使得对装备运行过程可靠性的要求越来越高。1986年，美国挑战者号航天飞机的爆炸，是由于火箭助推燃料密封装置低温失效造成的。2011年，实践十一号卫星由于运载火箭二级游机与伺服机构连接装置失效而发射失败。2014年，珠海至北京的客运飞机因发动机的机械故障而迫降。此类复杂装备可靠性不仅关乎企业生存，带来巨大的经济损失，甚至于影响国家战略安全、国家信誉。

装备在运行过程中，面对复杂多变的任务，技术各异的操作人员，动态不确定的制造环境，会导致装备系统及组成元件的性能状态呈现不可逆的退化趋势。若不能及时合理的对设备进行维修，装备平均故障间隔时间（Mean Time Between Failure，MBTF）必然越来越小，意味设备会频繁地发生故障，不仅会影响装备任务的按时完成，还带来严重经济损失；另外，维修活动使得装备停机时间越来越长，装备的稳定性、可靠性也大幅降低。因此，企业迫切希望对装备服役阶段的功能实现、失效机理、质量波动传递等过程进行分析，以提高复杂装备系统运行过程中的可靠性、安全性、维修性。目前企业实施的设备维护方式主要有事后维修、计划维修等。事后维修有很大的弊端，复杂装备一旦发生故障会带来严重的损失后果，影响企业正常运转，而计划维修会造成维修过度或维修不足，现代装备系统向功能多元化、智能化方向发展，装备系统具有层次性、时变性特点，传统的维修方式不能很好地满足设备需求。在此背景下，本书针对复杂装备系统运行过程中的可靠性、维修性问题展开研究，探索并提出装备服役阶段的可靠性分析新方法，新理论，并提出合理有效的维修决策方法，进而保证复杂装备系统运行过程中的稳定性和经济性。

1.1.2 课题研究意义

许多专家学者已对装备系统运行过程可靠性进行了深入的研究，通过装备可靠性分析，挖掘和确定装备潜在隐患及薄弱环节，并通过有效维护措施消除隐患和薄弱环节。研制阶段的所有可靠性工作，如可靠性设计、分析、优化与决策、可靠性评估、试验等，都只能使装备系统的实际可靠性尽可能地接近固有可靠性。复杂装备的特点决定了在设计、制造和试验阶段难以解决所有的系统可靠性问题。因此，为了保证装备稳定运行，需要在装备服役阶段大力开展可靠性研究，包括性能可靠性监测、运行可靠性评估、基于可靠性的维修、故障与寿命预测等。倘若复杂装备在运行过程中频繁出现故障，预期目标、任务都不能在规定时间内完成，将产生严重的利益损害。因此需要保障复杂装备运行过程中的功能可靠性，对复杂装备运行过程可靠性控制理论和技术方法提出更高要求。根据质量工程学，产品构造越复杂，可靠性保障的难度呈几何倍数增加，复杂装备运行可靠性问题已成为困扰中国高端装备的重要难题，此类研究具有很高的理论及应用价值。

从理论方面，复杂装备运行过程可靠性问题是现代质量工程中一个新的关注重点，与传统设备可靠性保障问题相比增加了研究难度。提升复杂装备运行可靠性保障水平，需要进一步整合多学科领域的知识，深入研究复杂装备运行过程中的可靠性波动规律并探讨设备运行过程中各可靠性相关影响因素之间内在的作用机理与影响机制，对于进一步丰富装备可靠性理论、提升装备制造业质量水平有重要的理论价值。

从应用方面，对复杂装备运行过程可靠性维修策略进行深入的研究，可以探索复杂产品运行过程的薄弱环节，并提出相应的控制措施；可以揭示复杂产品系统服役阶段的状态与性能的演变规律，为制定装备维护策略指明方向，这对增强高端装备制造业的市场竞争力，促进制造业的发展具有重要的实际意义。

1.2 国内外研究现状

1.2.1 可靠性研究发展概况

可靠性概念起源于 20 世纪 30 年代，用于电子装备失效问题的研究，在第二次世界大战期间，由于许多军事技术装备，如航空机电设备、坦克等在使用中出现大量故障，装备的可靠性才开始真正受到重视。德国火箭专家 R. Lusser 首先提出可靠性乘积定律概念，计算 V-E 型制导装置的可靠度为 0.75，首次定量表示了产品可靠性。1952 年美国国防部成立"军用电子设备可靠性咨询组（AGREE）"，对军用电子产品从设计环节、制造环境、试验、服役阶段维护等各个方面，实施了全方位的可靠性调查研究，并在 1957 年咨询组发表了"军用电子设备的可靠性"报告，此报告对产品可靠性理论基础和调查方法进行了详细而全面的阐述，被全世界认为是进行产品可靠性研究的奠基性报告，该报告使得产品可靠性成为装备技术科学的新分支。

20 世纪 70 年代，可靠性工程步入成熟阶段，随着装备系统制造技术和设备功能的提升，对装备可靠性提出了更高的要求，基于全寿命周期的可靠性设计、试验、分析评估及可靠性控制的理念逐渐形成，并提出了有效对策和措施。研究人员提出了计算机辅助装备可靠性设计的概念，设计装备可靠性预计的软件包，也研究了非电子设备的可靠性设计及试验方法，采用综合环境应力试验继续装备可靠性试验，加强了可靠性环境应力筛选，开展了装备可靠性增长试验。

20 世纪 80 年代至 90 年代，可靠性工程发展方向逐渐深化、进一步扩展。可靠性成为与性能、费用、时间同等重要的指标。进一步提出集成管理，强度可靠性与维修管理的一致性，在技术性深入开展机械可靠性的研究。2000 年以来，可靠性工程科学的理论基础、技术体系等相继确立，提出了基于装备性能状态退化的可靠性建模技术。

国内的可靠性研究最早是由电子工业部门展开的，从 20 世纪 60 年代开始，进行了一系列装备可靠性研究工作。20 世纪 70 年代，可靠性技术在航天、航空领域兴起，航天部门首先提出电子元件的筛选标准。80 年代，针对武器装备所出现的可靠性具体问题，科研工作者分别进行攻关研究，取得显著成绩。1985 年国防科工委颁发《航空技术装备寿命与可靠性的暂行规定》，1991 年发布《关于进一步加强武器装备可靠性、维修性工作的通知》，1993 年发布《武器装备可靠性维修性管理规定》，这标志我国武器装备可靠性研究进入系统发展和工程实践的全新阶段。

国军标准 GJB451 给出的可靠性定义是：产品在规定条件和规定时间内，完成规定功能的能力。产品的可靠性可用可靠度（reliability）衡量，在可靠性定义中，含有以下因素：

1）对象，可靠性问题的研究对象可以是元件、部件、子系统、装备系统。可靠性研究问题首先需明确研究对象，在此过程中不仅要确定具体的结构体，还需对它的内部构成和功能进行明确，甚至从人—机系统的角度去分析、观察、解决问题。

2）规定条件，包括装备运行时的环境条件和工作条件，如温度、压力、湿度、载荷、振动、冲击、腐蚀、磨损等环境条件；运行时的应力条件、维护条件、维护方法，储存时储存等工作条件；操作人员的使用方法、维修水平等都会对可靠性有很大影响。在不同工作环境下，同一装备的可靠性会不一样，因此，在研究装备可靠性时，应对产品的工作条件、维修方式、环境条件和操作过程等进行详细描述。

3）规定时间，是指产品规定的任务时间，这是可靠性定义中的核心，比如导弹发射时，需要发射装置在几秒钟完成任务。

4）规定功能，按照产品设计要求产品必须能实现的功能，其对应的技术参数指标，在产品服役阶段皆能实现规定阈值，则说明该产品实现了规定功能，否则称该产品丧失规定功能，产品不能或一部分不能完成规定功能的事件或状态称为产品故障，对于不可修系统，称为失效。

1.2.2 复杂装备可靠性概述

复杂装备是一种相对概念，许多学者从不同角度如复杂结构或复杂技术等对复杂产品定义进行了阐述。Hansen 和 Rush（1998）认为复杂装备是单件、小批量、制造技术复杂、成本高的产品系统。Hobbday 和 Brady（1998）将复杂装备定义为客户需求具有不确定性、高成本、定制化、高附加值的一类产品或系统。李伯虎院士将复杂装备定义为具有客户需求模糊、生产环境复杂、项目控制复杂、技术需求复杂、制造工艺复杂、设备维护困难等特点的装备系统，如 LNG 船、火箭、飞船等。陈劲将复杂装备定义为：研发成本高、由不同子系统组合形成、子系统间相互耦合，产品类型存在定制属性，质量特性通过产品逐层递进分解获得。虽然学者从不同角度阐述复杂产品的定义，但也揭示出复杂装备的共同特性：复杂性、时变性、耦合性等。与传统制造业的设备可靠性维护方法相比，复杂装备运行过程中可靠性要求更为苛刻，如航空、航天、核电等典型复杂装备系统一旦发生故障，将造成不可估量的破坏，针对此类复杂装备的可靠性分析，已成为至关重要的突出问题。复杂装备与传统的设备系统相比，其运行可靠性分析有以下特点：

（1）装备系统内部结构复杂性增加了可靠性分析的难度。复杂装备系统在服役阶段中，既有物资流，也有信息流，既有连续过程，也离散过程。导致其故障形成机理复杂，在进行可靠性分析时，需全面考虑由结构复杂性带来的动态性、不确定性。

（2）复杂装备可靠性分析需考虑装备多功能、多任务的特征。复杂装备是一种多功能系统，运行中各功能发挥不同效用，不同功能有着各异的可靠性需求。同时由于任务的多变性，装备需执行给定各种任务，任务的变化，使得装备存在不同的运行效率，这给整个系统及组成单元的可靠性分析增加了难度。

（3）复杂装备在运行过程中呈现多状态的特点，装备在服役阶段，面对技术各异的操作人员，生产环境对装备造成冲击的突发性，会导致装备系统及组成元件的性能状态呈现不断退化的趋势，其性能从完好状态退化至故障状态，确定装备系统及内部元件的运行状态对可靠性分析是十分重要的。

1.2.3　复杂装备可靠性研究综述

现代科学技术的进步，导致装备系统的复杂性不断增长，对系统可靠性的分析和描述变得愈加困难。从可靠性工程角度，关于系统可靠性建模与分析的复杂性可以从两方面分析，一是装备自身结构和内部元件失效机理的复杂性，另外是装备系统元件可靠性参数估计和可靠性建模的复杂性。很多复杂装备具有多任务、多功能及多状态特征，可靠性定量指标不明显，难以具体量化。在装备系统可靠性建模方面，相关失效、共因失效、载荷强度等是现代复杂装备系统的典型可靠性行为，国内外对复杂装备的可靠性研究从二态假设向多状态研究方向发展。

Gupta 等（1989）利用时间序列分析方法，基于数控机床运行过程的故障数据进行可靠性分析并确定其维修策略。Kuo 等通过对装备运行过程的故障数据的分析，详细阐述了装备系统的故障模式及故障发生原因，并给出具体的维护策略以提高装备运行可靠性。McGoldrick 等（1986）分析了影响设备运行过程可靠性的因素。Barlow 等（1977）采用故障树分析（Fault Tree Analysis）方法对软件系统进行了可靠性建模。Volkanovski 等（2009）针对电力系统可靠性问题，提出了一种新的故障树分析方法，并验证方法的有效性。其他学者将故障模式及影响分析、过程生成图模型以及可靠性框图模型被引入到可靠性建模过程中。Wang 等（1993）通过模糊集理论描述模型可靠性参数，从系统角度构建复杂装备可靠性分析模型，并从设备退化过程、生产外部环境的变化、企业人员的工作熟练程度等几个方面分析了对装备系统的可靠性的影响。早期的可靠性研究以设备故障为中心，且都是静态可靠性模型，不能很好地分析复杂装备系统在服役阶段内部元件的退化机理、元件之间的性能状态转移，元件对装备可靠性影响程度，另外模型构建的精确性方面仍需进一步改进，使其更符合装备在服役阶段的动态特性，从而实现复杂装备系统运行过程可靠性分析。

现代复杂装备运行过程的典型特点是动态性，随着可靠性建模技术的发展，针对复杂装备的动态可靠性模型也逐步建立。Chew 和 Dunnett（2008）针对多阶段任务的复杂装备系统的可靠性分析问题，通过 Petri 网方法进行了可靠性建模。Volovoi（2004）针对退化可修复杂装备系统的动态可靠性建模问题，采用 Petri 网的扩展方法构建了系统可靠性模型，所建模型能够很好地适应具有时间记忆的退化装备系统。Sadou 和 Demmou（2009）运用 Petri 网方法构建了嵌入式复杂装备系统的可靠性分析模型。Knezevic 和 Odoom（2001）构建了 Petri 网与模糊 -T

方法相结合的可修装备系统的可靠性模型，最后取得了良好的结果。Weber 和 Jouffe（2003）分别构建动态贝叶斯网络（Dynamic Bayesian Networks, DBN）和动态目标导向贝叶斯网络（Dynamic Object Oriented Bayesian Networks，DOOBN）可靠性模型，以解决复杂装备系统的动态控制问题。Boudali 和 Dugan（2005）基于离散贝叶斯网络，构建装备系统可靠性模型，通过算例仿真验证模型的有效性。传统的可靠性研究方法是以二态假设为基础的，即复杂装备系统在运行过程中，其设备单元或处于工作状态，或处于故障的状态，没有中间状态。这种假设虽使得可靠性建模变得相对容易，但并不能很好地描述装备系统内部元件的状态退化过程及演变规律。这就使得学者转向多状态复杂装备可靠性理论研究。

关于装备多状态可靠性的概念最早在 20 世纪 70 年代提出，Barton 等（1974）、El-Neveihi 等（1978）、Ross（1979）先后给出了多状态系统的定义及其可靠性基本概念。20 世纪 80 年代，多状态装备系统的相关理论被初步确立，形成了多状态系统可靠性概念，定义了多状态复杂装备的结构函数，并分析了其内部一些基本性质。21 世纪初，Levitin 和 Lisnianski 针对多状态复杂装备可靠性问题，展开了广泛的学术研究，发表了一系列关于多态装备可靠性问题的文献，并出版了专著对多状态复杂装备系统的可靠性分析问题进行详细阐述，在书中不仅介绍了多态可靠性分析的基本方法，也进行了实例验证，对进一步完善多状态复杂系统的理论与方法有很大的推动作用。经过众多学者的不懈努力，多状态复杂装备可靠性分析理论得到长足的发展。

目前，用于复杂装备系统可靠性分析的方法主要有蒙特卡罗模拟方法、通用生成函数法（Universal Generating Function, UGF）、随机过程方法、布尔逻辑扩展方法等建模方法。如图 1-1 所示，这些多状态复杂装备系统可靠性分析方法已在能源系统领域、城市基础设施领域、机械工程领域、计算机系统领域、战略与防御领域等进行了充分的理论实践，获得良好的应用效果。

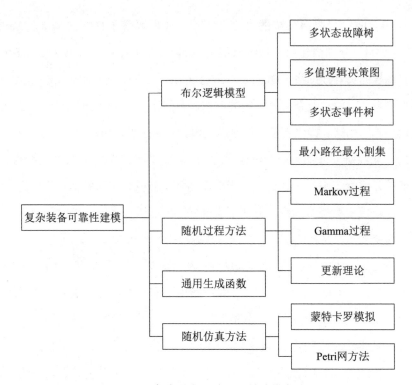

图1-1　复杂装备系统可靠性建模方法

　　在采取通用生成函数（Universal Generating Function, UGF）方法进行装备可靠性分析方面，Ushakov首次提出通用生成函数概念。Levitin发表了一系列文章，将通用生成函数引入多状态装备系统的可靠性建模中，分析了故障不完全覆盖、多故障覆盖等的多状态装备系统可靠性分析问题，并针对通用生成函数在可靠性分析与优化出版了专著。Yeh和He（2012）提出一种新的通用生成函数方法，并将其应用在多资源多状态的信息网络可靠性分析问题中，获得很好的运算结果。Yeh（2012）针对非循环二态网络的可靠性分问题，构建了通用生成函数可靠性模型，并与不交乘积和方法相结合。Li和Zio（2012）运用通用生成函数方法表示分布式发电网络部件的多状态性，并以此为基础对整体发电系统进行了可靠性分析。在其另一篇文献中，Li（2013）考虑偶然不确定性和认知不确定性，将通用生成函数方法扩展至模糊通用生成函数方法，对分布式发电装备系统进行了可靠性分析，并与蒙特卡罗模拟方法的运算结果做了对比。Destercke 和 Sallak（2013）考虑认知不确定性，基于信任函数描述模型中状态概率和转移概率的未确知性，构建一种新的通用生成函数方法进行装备系统可靠性建模。

在运用随机过程方法进行装备可靠性分析方面，由于 Markov 方法理论成熟，并且能轻易获得装备系统可靠性与时间之间的关系。因此 Markov 过程方法在可靠性分析中应用较多。Lisnianski 等（2003）构建电力装备系统的马尔科夫可靠性模型，分析了多状态发电系统的可靠性问题。Xue 和 Yang（1996）构建了马尔科夫理论和系统结构函数相结合的可靠性模型，方法首先通过 Markov 过程描述装备系统元件的动态特性，再结合系统结构函数方法对整个装备系统进行可靠性分析。Soro 和 Nourelfath（2010）针对可修多状态装备系统，并存在最小维修和预防维修的条件下，构建 Markov 过程可靠性分析模型。Vlad 等（2006）构建了离散时间半 Markov 模型，通过求解 Markov 更新方程，对一个三状态的装备系统进行了可靠性分析。Malefaki 等（2014）针对可修装备系统的可靠性问题，构建了连续时间半 Markov 模型，并与服从指数分布的 Markov 可靠性模型进行了对比分析。Mcgough（2015）构建了马尔科夫模型以解决数字式飞行数据控制系统的可靠性分析问题。Rocco 和 Zio（2014）指出受限于运行环境、失效率、操作条件的影响，装备系统呈现一种不可逆的退化状态，构建了同时考虑转移率效应和状态概率变化影响的 Markov 模型，并进行了全局敏感性分析。当装备系统的部件数目或者状态数目加大时，所建的 Markov 转移矩阵非常复杂，计算困难。

在运用 Monte-Carlo 模拟方法进行复杂装备系统可靠性分析方面，Ramirez-Marquez 和 Coit（2005）构建多状态装备系统最小割集和 Monte-Carlo 模拟相结合的可靠性分析方法，并在多状态两终端网络系统中进行了算例验证。Zio（2006）基于 Monte-Carlo 模拟方法对石油海上平台装备的可靠性进行了仿真分析。Zio（2012）针对核电厂热力水工被动安全系统的可靠性问题，考虑到在建模与运行过程中参数所包含的不确定性，构建 Monte-Carlo 可靠性模型，在进行全局灵敏度分析时运用子集模拟和线性抽样的方法以解决输入参数数目较大的问题。Zio（2013）出版了关于在复杂装备系统可靠性与风险性分析中应用蒙特卡罗模拟方法的专著，书中详细地展示了在复杂装备可靠性建模与风险分析中 Monte-Carlo 抽样、模拟的基本方法和高级技巧，Monte-Carlo 方法能够将装备运行规则、维修策略、元件退化过程很好地融入模型中。Hoseinie 等（2013）通过基于 Monte-carlo 模拟的 K-R（Kamat-Riley）方法对包含 6 个子系统的长臂采煤机的可靠性进行了分析。

在将传统布尔模型进行拓展并应用于多状态装备可靠性分析方面。传统的装备可靠性分析通常假设系统及设备单元的状态只有两种：完好工作状态、失效故障状态，与现代装备实际运行过程中呈现出的多状态特征不符。因此借助传统可靠性分析工具如故障树、最小路集和割集、决策图等方法对复杂装备进行处理时，需对这些方法进行扩展，以满足多状态复杂装备的需要。Aven（1985）提出两种算法以计算多状态元件单调多状态系统的可靠性，一种算法是以最小路径为基础，另一种是最小割集。Yeh（2005）采用最小路径方法对状态网络系统进行在费用约束条件下的可靠性分析。Huang（1983）针对传统故障树不能描述多失效模式的问题，提出一种新的多状态故障树，并以电力供应系统为例进行了验证所提方法的有效性。Kai（1990）将二态故障树扩展至多状态情形下，并以递归算法进行模型求解。Shrestha 和 Xing（2009）分析了多状态元件多状态系统的基本性质，提出将二值决策图（Binary Decision Diagram, BDD）扩展至对数二值逻辑决策图（Log Binary Decision Diagram, LBDD），并进行了可靠性分析。Zaitseva 和 Levashenko（2008）构建基于决策图的多状态系统可靠性分析方法，提出了动态可靠性指标，并设计算法进行模型求解。Shrestha 等采用多状态多值逻辑决策图和 Markov 方法相结合的形式对多阶段任务装备系统进行了可靠性分析。

针对装备系统运行过程中的信息模糊性、复杂性，研究专家将灰色理论、模糊数学、粗糙集等理论引入装备可靠性分析中。Song 等（2008）针对模糊失效率的退化装备系统提出了基于模糊可靠灵敏度的瞬时计算方法。唐俊等（2009）借助贝叶斯蒙特卡罗模拟方法，针对复杂装备系统数据样本较小的模糊可靠性分析问题，引入熵权法构建了基于贝叶斯解析方法的模糊可靠性分析模型，并通过仿真进行了模型验证。向宇等（2010）通过灰色关联理论分析元件和装备系统在失效过程中的关系强度，构建了基于灰色理论装备系统退化过程中的可靠性重要度模型，分析了不同元件对装备系统的可靠性影响。Savage 和 Son（2011）利用集合理论提出了并联和 / 或串联子系统时变故障系统的可靠性评估方法。原菊梅（2007）针对多状态装备系统可靠性问题，借助粗糙集理论梳理装备系统与元件之间可靠性退化的相互依赖程度，并将其转化为粗糙 Petri 网，最后通过蒙特卡罗方法实现了多状态装备系统的可靠性评估。

1.2.4 复杂装备故障诊断研究综述

设备故障预测是一门涉及机械、电子、材料、控制以及计算机技术和人工智能等多学科综合技术。它以当前设备的使用状态为起点，结合已知诊断对象的结构特性、参数、环境条件及运行历史记录，对装备未来任务段内可能出现的故障进行预报、分析和判断，确定故障性质、类别、程度、原因及部位，指出故障发展趋势及后果，最终提出决策支持，实现设备维护与管理。

目前，国内外学者针对故障诊断技术进行了深入的研究，提出的装备故障诊断技术主要有：

（1）基于解析模型的设备故障诊断方法

研究系统故障发生机理，建立精确的数学模型，通过解析求解模型诊断故障发生情况。以不同故障诊断模型进行分类综述，具体如下：

1）基于状态转移模型的故障诊断技术

Sun（2014）通过融合在线监测数据，构建基于状态空间的退化模型和运用关联的计算技术以减少故障诊断中的不确定性，从而优化故障风险评估和维修决策。Pedregal 和 Carnero（2006）构建状态空间模型，运用监测数据诊断，结合卡尔曼滤波和固定区间平滑算法，对离心式压缩机进行故障诊断。Christer 等（1997）构建状态空间模型，运用卡尔曼滤波理论进行设备监测决策过程，并将模型用于熔炉关键组件的故障诊断中，并提出了重置成本模型以平衡替代品与故障成本的关系。

2）基于马尔科夫过程的故障诊断技术

Xiang 等（2012）以单组件系统为背景，构建马尔科夫模型诊断设备瞬时故障状态，系统第一次故障时间分布服从威布尔分布，并分析了状态维修模式的成本收益，最后通过仿真分析验证了模型的有效性。Soualhi A 等（2014）提出基于时域特性的滚子轴承隐马尔科夫模型，详细阐述了估计剩余时间下退化状态的多步时间序列诊断和自适应神经网络模糊推理系统。Moghaddass 和 Zuo（2014）基于检测数据构建非齐次半马尔科夫模型，着重分析了检测数据缺失条件下的参数估计问题及可靠性策略问题，最后通过对轴承磨损过程的仿真分析验证所建模型的可行性。刘勇，倪平涛，尚永爽（2011）采用隐马尔可夫模型（HMM）的故障诊断方法，解决了 Buck 型开关电源的故障诊断问题，实验结果表明，该方法可以准确地对开关电源进行故障诊断。Chen 等（2011）采用自适应神经模糊推理系统（ANFISs）和高阶粒子滤波方法通过机床历史故障数据进行训练，修正后ANFIS 和它的模型噪声构成 m 阶隐马尔可夫模型以描述故障传递过程。使用裂化载体板和故障轴承的测试数据进行模型验证。Geramifard 等（2012）构建隐马尔科夫模型（HMM），用于诊断机械体系刀具正常状态与故障状态的关心，并与多层感知器模型和 Elman 网络进行方法比较，基于实验数据，验证 HMM 模型的优越性。王宁等（2012）针对设备运行状态识别与故障诊断问题，提出一种基于时变转移概率的隐半 Markov 模型。该模型将设备历史运行信息融入 Markov 状态转移概率矩阵的估计过程中，使 Markov 状态转移概率矩阵具有时变特性。

3）基于灰色模型的故障诊断技术

Tangkuman 和 Yang（2011）针对故障诊断问题，构建了改进的灰色模型 GM（1,1），用以提高模型的故障诊断准确性，以甲烷压缩机日常监测数据验证了该方法的有效性。LI（2011）介绍了灰色模型，并利用某型号发控设备压控振荡器电路检测积分器输入信号检测的历史数据作为研究依据，验证了灰色模型在故障诊断中的应用是可行的，准确度能够达到要求。Hsu（2003）构建结合残差修正与ANN 符号诊断的 GM(1,1) 模型，通过实例比较，此模型与原灰色模型有着更好的诊断精度。Zhang 等（2007）提出多维故障特征参数模型，用于旋转部件的故障诊断，其模型包含模糊灰色优化预测方法，在小样本数据条件下，仍能够处理数据的非线性，以滚动轴承的输油管泵为例，证明了方法的可行性和实用性。

4）基于随机过程的故障诊断技术

Linkan 等（2014）针对传统模型对复杂产品进行故障诊断时，认为各组件故障是相互独立这一问题，从产品组件以相互依赖的视角，提出一个随机模型，用以诊断设备寿命的退化过程。He 和 Li（2009）提出机械部件功能随时间退化，其功能状态可以用随机过程描述，虽然大部分机械部件的退化服从某个物理定律，但定理并不能进行故障诊断，对此文章构建随机过程模型进行故障诊断，并通过案例进行模型可行性的验证。Ray 和 Tangirals（1996）提出非线性随机模型用于实时计算设备损伤率以及在机械内部的损坏积聚，在以扩展卡尔曼滤波替代求解柯尔莫哥洛夫方程基础的上，随机过程模型进行设备损坏状态的估计，模型适用于复杂产品系统的在线损坏传感、故障诊断、寿命预测、可靠性分析，进而实现设备的维护决策。

5）基于物理失效模型的诊断技术。

Tinga（2010）提出了两个新的设备维护概念，基于设备使用的维护和设备负载的维护，并将新概念运用到物理失效模型中，并对设备故障诊断的不确定性进行了深入分析，最后将物理失效模型应用于气体涡轮叶片实例。Pecht 和 Gu（2009）在故障诊断与健康管理（PHM）框架下，构建物理失效模型，在预期正常操作和未来状态可靠性预测的条件下，将监测数据与模型结合，使其能够适用于产品的退化和偏差的估计。Fan 等（2011）构建了故障诊断与健康管理（PHM）框架下的物理失效模型，通过产品故障模式分析（FMMEA）确定产品故障等级，建立基于物理失效模型的损伤模型，以进行高风险等级的故障诊断。

这些方法可以提供精确的诊断结果，开发的大型仿真软件也促进了故障诊断解析模型的建立和应用。如 ADAMS 可以对各种装备系统机械动力部分建立动力学仿真模型。但对于大型复杂装备，很难直接建立准确的系统状态解析模型。

（2）基于知识模型的设备故障诊断方法

1）基于专家系统的故障诊断技术

基于知识模型的只能故障诊断方法是故障诊断领域具有挑战意义的研究前沿。Biagetti 等（2004）通过专家系统实现智能监控，利用当前实时信息和故障关键特征指标，从而预测在未来极有可能发生的故障，并提出维护策略。Kim 等（2009）针对便服载荷下的疲劳裂纹的寿命问题，文章应用专家系统进行故障诊断，修正广义 S-N 曲线及损失累积理论用于考虑变幅载荷效应，实例结果表明，专家系统性能良好。Liu 等（2008）提出基于专家系统的高温结构裂纹的故障诊断与管理方法，专家系统中将多缺陷交叉耦合、失效准则、渐进疲劳作为诊断标准。

2）基于故障树模型的故障诊断技术

Dan 和 Tiran 基于条件的故障树分析从故障树分析开始，系统中运用状态监测的方法确定敏感元件的更新故障率的值。它周期性的重新计算顶事件（Top Event）的故障率，从而确定系统故障概率和系统持续运行的概率。Dugan 等（1999）也通过故障树模型进行软件故障诊断。

3）基于故障模式影响危害性分析的故障诊断技术

蔡志强（2013）等针对复杂装备故障诊断问题，提出一种基于故障模式影响及危害性分析（failure mode，effects and criticality analysis，FMECA）知识的故障诊断贝叶斯网络模型（failure prediction BayesiannetWork，FPBN）建模方法。孙欣鑫，杜承烈（2010）基于 FMECA 和粗糙集决策系统基本理论，对飞机中分系统故障诊断问题进行了研究。定义故障诊断所需的征兆并对系统进行 FMECA，采集含有故障趋势的系统模型的信息用于构建适用于故障诊断的粗糙集决策表，最终发现用于故障诊断的知识，最后运用所发现的知识进行故障诊断。Yang 等（2008）在故障模式影响危害性分析模型（FMECA）中，引入模糊规则的贝叶斯推理方法，通过贝叶斯推理整合知识规则并进行故障模式评估，最后将 FMECA 模型应用于实例中，验证模型。Kócza 和 Bossche（1999）以分层的方式构建故障传播模型，形成故障树，并提取最小截集，故障模式影响及危害性分析（FMECA）模型根据故障危险程度、严重程度和可能性对故障事件的影响进行分析。

4）基于 petri 网的故障诊断技术

Lefebvre（2014）涉及随机离散事件系统的故障诊断与预测，引入部分观测到的随机 Petri 网模型，结合马尔科夫随机动力学描述故障过程。系统地计算模型产生的定时观测序列以及与给出的定时观测序列一致的定时和非定时的标记轨线的概率。因此得到了故障诊断。Propes 和 Vachtsevanos 运用一个证据模块将模糊 Petri 网与模糊逻辑分类器得到的结果相结合来确定模型。与大多数事件驱动模型不同，该模型不仅可以借助模糊逻辑分类器完成动态模型的初始化，并且通过将两个算法的结合使得其鲁棒性得到了提高。Chew（2008）利用 Petri 网模型模拟 MFOP 可靠性与任务阶段的情况。模型使用蒙特卡罗模拟得到结果，且依据 PNs 建模功能考虑零件故障之间的相互关系。运行了三种能为整个系统提供可靠性的不同类型 Petri 网模型。王昊天、石健（2010）提出了基于可用度模型的 PHM 方法。首先通过广义随机 Petri 网（GSPN）和连续马尔科夫链（CTMC）建立基本单元的软硬件可用度模型和健康状态转换图。将基本单元故障模型同通用的可修系统稳态可用度模型对比，得到"可用度 - 故障率 - 维修率"形式的 PHM 计算模型，并以此作为工程应用中 PHM 分析的有效手段。

5）基于支持向量机的故障诊断技术

Kim 等（2012）在闭环诊断和预测系统中，构建包含健康状态概率估计和历史知识的轴承故障诊断模型，运用支持向量机分类器（SVM）进行设备在长期运行状态下的故障概率，并将模型运用到（HP-LNG）设备中。Benkedjouh（2013）对轴承故障诊断进行研究，构建等距特征映射算法（ISOMAP）和支持向量机回归模型（SVR）进行轴承转子的故障诊断，通过线下监测用于构建轴承故障模型，线上监测用于模型评估轴承当前状态。Widodo 和 Yang（2008）利用支持向量机对机器状态监测和故障诊断，支持向量机具有良好的泛化性能，能够产生高精度的状态监测和诊断。姜媛媛（2011）等提出将电路特征性能参数和最小二乘支持向量机 (least squares support vector machine, LS-SVM) 诊断算法结合，对电力电子电路进行故障诊断。以 Buck 电路为例，选择电路输出电压作为监测信号，提取输出电压平均值及纹波值作为电路特征性能参数，并利用 LS-SVM 回归算法实现故障诊断。

6）基于神经网络的故障诊断技术

Wu 等（2013）提出人工神经网络模型已广泛应用于设备故障诊断，针对人工神经网络预测模型很难实现其不确定性的量化及模型缺乏实施 CBM 优化所需更加准确与有效的数值方法的问题，构建一种基于人工神经网络故障诊断的 CBM 优化方法。改进数值方法以更准确、更有效地评估 CBM 策略成本。该优化方法依据最低维修成本找出最佳失效概率阈值。Lolas 和 Olatunbosun（2008）采用双层前馈反向传播算法作为学习规则构建了人工神经网络模型进行故障诊断，利用 6 年的数据建立模型并对其进行验证。模型验证反映了模型的适用度，结果显示通过人工神经网络模型预测的故障率比威布尔模型更接近真实数据。Al-Garni 等（2006）构建一个依据监测信息推断出设备运行可靠性的神经网络体系，设计与改进神经网络工具用于运行可靠性预测，提出一种优化方法使得神经网络能够处理小样本数据，实现可接受的预测性能。并在复杂装备的故障诊断中初步应用。但由于故障诊断问题的不确定性，这些方法尚需进一步完善。Wang（2008）提出一种基于扩展模糊神经网络的故障诊断与预测方法，分类器和预测器分别用于故障类型识别与退化状态预测，需经过离线训练。

（3）基于数据驱动的设备故障诊断方法

1）基于数理统计模型的故障诊断方法

基于批次装备历史数据的数理统计方法最早应用与故障诊断，包括时间序列预测法，概率预测法及回归预测法等，该方法只能根据常规条件近似的预测整批装备的平均故障概率，而无法对具体装备进行准确预测，更不能对出现的一些偶然情况以后的装备进行评估和预测，Halligan 和 Jagannathan（2011）运用线性核主元分析方（KPCA）法进行故障分离和预测，矢量投影和统计分析时主元分析方法进行故障分离和预测的主要手段，对离心水泵的叶轮失效、密封失效、进气压力传感器故障和过滤器堵塞四种故障基于历史数据进行分析。结果显示高斯核主元分析方法优于主元分析法。Khiripet 和 Vachtsevanos 提出由置信度预测、强化学习算法、模糊层次分析法和性能评估模块四部分组成的智能预测架构，基于历史数据进行时间序列的设备故障诊断。Baraldi 等（2013）针对三种不同故障情况，分析适用的故障诊断方法（粒子滤波、bootstrap 方法），考虑多源信息的融合问题，通过对涡轮叶片故障诊断验证模型的有效。Xi 等（2014）构建一个基于 Copula 函数的统计模型，定义了一个通用的健康指标体系用以量化工程系统的剩余寿命，研究故障时间与到达特定退化水平时间之间的统计关系，通过对两个工程案例的研究，证明所提出方法的有效性。Xu 等（2014）提出了一个以故障诊断和健康管理为导向的集成融合诊断框架，从而提高系统状态预测的准确性。这个框架战略性地融合了监测传感器数据，并整合了数据驱动诊断方法和基于经验的诊断方法的优势，同时降低了各自的局限性，实例结果表明，提出的融合诊断框架是一种有效的诊断工具 Fan 等（2013）提出数据驱动的寿命估算方法，用指数类的退化模型来描述设备的退化过程，通过贝叶斯方法来估计模型中的随机参数。基于贝叶斯估计结果，得到其剩余使用寿命的概率分布和点估计，提出了在退化模型中的非随机参数的估算方法，通过数据分析和实际案例研究表明，较以往文献中的方法得到更好的结果。Medjaher 等（2013）在信号处理技术和回归模型的基础上提出了一种数据驱动的故障诊断方法。Liu 等（2012）提出一种新的数据模型故障诊断框架，以提高系统状态长期的诊断精度。在诊断系统状态时，该框架整合了数据驱动故障诊断方法和基于模型的粒子滤波方法的优势，同时降低了他们各自的局限性。Medjaher 等（2012）以数据驱动诊断方法进行相关轴承的置信度确定，从而实现故障诊断，提出了小波分析与隐马尔科夫的混合高斯模型，以故障数据进行高斯参数估计，利用模型对物理组件的当前状态进行连续评估。Wang（2012）认为故障诊断与健康管理（PHM）成为复杂系统一种提高效率并降低其成本有效方法。针对基于模型和基于数据驱动这两类故障诊断方法的优点及缺点。提出了一种基于模型和基于数据驱动相结合的故障诊断模型，从而充分利用它们的优点，克服它们的缺点。Caesarendra 等（2011）文章提出支持向量机（SVM）、逻辑回归（LR）、自回归评价滑动模型（ARMA）以及广义自回归条件异方差模型（GARCH），通过历史数据进行故障参数估计，统计过程控制分析方差故障概率，结果显示，模型是实际可行的。杜党波，张伟，胡昌华等（2014）针对复杂系统存在缺失数据时的故障诊断问题。针对测试数据的非平稳性，在小波 - 卡尔曼滤波诊断模型的基础上进行了改进，提高其对非平稳时间序列的诊断能力，提出了缺失数据下的故障诊断算法，通过数值仿真和实例验证，说明了所提算法的有效性和可行性。王亮（2013）等从可利用数据特点以及不同诊断思路两个角度对基于数据驱动的故障诊断技术进行了分类研究，着重分析了不同方法的预测思想并阐述了其优缺点及适用范围，最后讨论并指出了基于多源信息融合的系统级故障诊断技术是这一领域的重要发展方向。陆宁云等（2012）提出了一种加入数据的时序信息的多层预测型 Bayes 网络结构，可反映故障传播机理，利用参数学习法确定条件概率表，并由多树传播算法进行联合概率推理，通过仿真结果验证了方法的有效性。Hu 等（2011）提出了一种基于 DBN 的综合安全预测模型（ISPM），其考虑故障概率及其严重性，在 ISPM 中引入了蚁群算法，针对大型汽轮压缩设备有效定量预测并评估了潜在故障。Xu 等（2009）考虑包含正常、退化、不可靠元件的动态系统，利用修正的交互多模型粒子滤波器估计动态系统的状态，初步预测隐含时变故障，并利用 Holt 滤波预测故障，但其假设了不可靠部件故障行为服从 Markov 性，系统故障服从线过程，使该方法具有局限性。张磊等（2009）提出了基于高斯混合模型的故障诊断算法，采用联合估计与粒子滤波同时估计系统状态和未知参数的后验分布。Serir 等（2013）提出一种证据演化多模型方法诊断系统退化行为，通过新数据聚合不断修正诊断参数，且对系统噪声具有良好的抗扰能力。朱大奇等（2008）应用小波变换进行振动信号故障特征向量的提取，然后利用 GM(1,1) 模型诊断故障。

通过对基于模型以及数据驱动的故障诊断方法进行国内外研究综述。可以发现，专家从不同视角构建故障诊断模型，取得了一定成果，但仍有许多问题值得进一步思考：

2）大数据驱动下设备故障诊断理念、方法、思路研究

现代制造装备是一个复杂系统，需要了解复杂装备系统各种监测数据与潜在设备故障特征之间的关系，明确大数据在复杂装备系统内的信息传递过程，目前的文献多集中于对系统设计、制造和信息传播等知识模型的研究，基于大数据驱动的故障诊断模型的研究较少，而且不全面。构建基于模型与大数据双驱动的设备故障模型，既梳理复杂系统内部运行机制，也从外部数据反映设备状态，进而提高模型的智能性和精确性，因此有必要全面解析大数据驱动下的故障诊断理念、方法和思路。

3）大数据设备故障诊断中不确定性问题研究

大数据背景下的故障诊断中不确定信息包含两部分，一是由于复杂装备运行过程中，其系统之间及系统内部一般存在错综复杂、关联耦合的相互关系，不确定信息充斥期间，另一部分是大数据具有价值稀疏性的特征，即对设备故障诊断起着关键作用的数据是被淹没在含有不确定信息的大数据中。上述的预测模型和方法一般是在确定性知识表达框架下引入数量方法用以处理不确定条件下的变量状态变化问题，未能有效表达数据之间及系统之间的不确定性，因此需要进一步研究大数据背景下的故障诊断中的不确定性问题。

4）大数据多源信息融合问题研究

随着检测技术的发展，在设备故障诊断过程中，可利用检测数据体量巨大，数据来源越来越广泛，数据来源越来越广泛，预测模型需要处理的数据非常庞大，现有故障诊断预测模型和方法难以处理故障预测过程中涉及多源结构数据，如视

频数据、文档信息、推理信息、专家判断等结构非结构数据，因此，在进行大数据故障诊断过程中需考虑多源结构数据的整理分析以及信息融合问题。

5）设备故障诊断数据实时性问题研究

对于复杂装备而言，由于数据是在动态运行过程中积聚，需对装备动态运行过程进行系统描述，目前诊断模型多是静态、简化的，导致数据的收集、处理分析不能实时跟进，未能反映系统的实际运行状态。因此，需构建模型并将系统运行过程中的动态信息包含在内，从而保证真实系统与大数据的同步性。

6）设备故障大数据处理方法研究

通过对设备状态的数据采集、整理、融合、特征提取等步骤，了解复杂装备系统各种监测数据与潜在设备故障特征之间的关系，明确大数据在复杂装备系统内的信息传递过程。这些需熟练使用数据挖掘技术，对设备稳态时及故障时使得数据进行分类、聚类、关联、孤立点分析、和时间序列分析，不同目标选择的数据处理方法各异，需要根据故障大数据特征，选择适宜的方法实现故障诊断。

1.2.5　复杂装备维修决策研究综述

作为运筹学和可靠性工程重要分支的设备维修决策及优化技术在 20 世纪 60 年代得到迅速发展，其核心是全面衡量与设备维修相关的收益和支出两方面的影响因素，并对装备系统状态的劣化过程及维修决策进行定量分析和描述，并逐渐成为广大学者们的研究重点，许多研究人员对设备维修领域的进展做了系统且全面的综述。

若按照设备故障发生时间的前后顺序，关于维修策略的研究工作逐渐从最早的事后维修（corrective maintenance, CM）与计划维修（planned maintenance, PM）过渡到预测维修（predictive maintenance, PdM）和视情维修（condition-based maintenance, CBM）及有学者最新提出的维修方式是自动化维修（autonomous maintenance, AM）。维修的研究对象也从简单的单设备系统逐渐发展到复杂多装备系统，从维修活动所取得的效果方面，Pham 等将维修策略划分为更换维修（replacement maintenance），装备系统维修后恢复如新，失效率与新装备完全一样；最小维修（minimal repair），装备维修后与维修前的状态是相同的，即修复如旧；非完好维修（imperfect maintenance），维修后装备的状态介于完好和最差之间，即装备状态有所改善，但并非最好；较坏维修（worse maintenance），由于操作不当或其他维修原因造成装备系统的性能状态不升返降，设备状态进一步恶化；最坏维修（worst maintenance），由于维修人员的失误造成装备系统性能损坏的，设备完全失去规定功能，在文中着重对装备维修处于非完好维修的维修建模过程进行了系统的阐述。

从维修方式的角度考虑，对于复杂装备这种多设备系统，目前学者主要从更换维修、视情维修、成组维修、选择性维修等进行研究。Zhao 等（2015）针对在分析维修模型时因计算复杂性难以获得理论和数值结论的问题，构建了考虑累计伤害率和新型平均故障间隔概念几个近似计算模型，同时提出了一个并联系统采取更换维修的费用模型，并给出了失效率服从威布尔分布时的近似算法。Zong（2013）针对可修装备和不可修装备构建两种模型以确定最优的更换维修策略，一种模型以考虑维修次数为 N 时的装备最大可用度为目标，一种是考虑维修次数为 N 时长期平均费用最小为目标。Chang（2014）研究了装备系统运行时间随机条件下了最优预防维修策略，并在模型中纳入两种失效维修机制，一是元件失效后采取最小维修，另外是失效后更换。Sheu 等（2015）分析了由两个相关联元件组成的装备系统，元件面对两种冲击损伤，一种冲击损伤采取最小维修，第二种冲击损伤采取更换维修，第二种冲击损伤是第一种冲击损伤的累积，元件冲击损伤发生率服从非齐次泊松过程，最后求解了最小维修冲击损伤的最优次数，才对另一元件采取更换维修。Wang 等（2014）将装备失效过程分为三个阶段正常、最小缺陷、严重缺陷，采用两种监测方式：初级监测水平（以一定概率识别最小缺陷）、高级监测水平（能够识别所有缺陷）。构建监测时间间隔和阈值为决策变量维修优化模型，当监测出装备处于最小缺陷阶段时，不采取维修方式，缩短监测时间间隔，当监测出装备处于严重缺陷时，根据阈值判断采取预防维修和更换维修。

Golmakani 和 Pouresmaeeli（2014）探讨了视情维修条件下最优更换阈值及最优检测间隔问题，文章假设元件的更换维系费用由失效发生时元件的退化状态确定，也将状态检测费用引入所建模型中。Caballé 等（2015）探讨了受限于自身退化及外部冲击两方面失效因素的装备系统视情维修问题，装备内部元件随机退化时间服从非齐次泊松分布，采用 Gamma 过程描述设备单元随机退化速度，外部随机冲击服从双重泊松过程，最后进行了算例分析。Do 等（2015）研究了装备系统运行过程中维系决策包含完好维修和非完好维修的视情维修决策问题，解释了非完好维修对装备系统的积极效应（降低维修费用）和消极作用（系统状态不能恢复如新、加快系统的退化速度）。Chen 等（2015）构建了装备系统逆高斯退化模型，考虑元件异质性，研究了在最优监测时间间隔的条件下的装备视情维修策略，同时通过多种维修费用参数进行最优监测间隔的灵敏度分析。

Shafiee 和 Finkelstein（2015）在串联装备系统中元件失效率不同条件下，运用成组维修策略（某元件失效率到阈值时被更换，剩余元件采取预防维修）研究了最优维修时间，以降低整个装备系统的维修费用。Vu 等（2015）研究了混合结构的多组件复杂装备系统的成组维修策略问题，构建平均剩余寿命（Mean Residual Life，MRL）和 Birnbaum 重要度相结合的维修模型，最后通过算例仿真验证了所建维修模型的实用性。Do 等（2015）研究多组件装备的成组维修问题，同时考虑维修人员的限制和装备可用性约束，构建了两约束下的成组维修模型，并详细阐述了当运行环境动态变化时维修计划的更新过程。Hai（2015）针对系统结构复杂性及计算过程复杂性，提出动态和稳态的成组维修模型，分别从质量角度和数量角度对两种模型进行对比分析，并应用于变电站综合自动化系统（由 11 个组件构成）中。Hu 和 Zhang（2014）针对复杂装备系统的机会维修策略问题，构建了基于机会维修的风险模型，通过全局优化算法对问题进行了求解，最后详细阐述了各个参数对机会维修风险模型的影响。

Rice 等（1998）首次指出了选择性维修（selective maintenance）的内涵，构建了选择性维修决策模型，并针对一并一串联系统进行了实例验证。Cassady 等（2001）对 Rice 所建模型进一步拓展，并假设装备系统的元件的寿命时间服从 Weibull 分布，在维修决策模型还考虑了最小维修、更换维修和预防维修分别对故障元件、正常设备单元的影响。Barone 和 Dan（2014）引入两种新指标：年度可靠性、年度风险，在此基础上研究了不同结构的装备系统生命周期内基于阈值的维修策略。Dao 等（2014）研究了由经济依赖元件组成的多状态串一并联装备系统的选择性维修问题，文中分析了在有限的维修间隔内，为满足下阶段任务的可靠性需求，需对要实施维修的元件进行确定，也考虑维修费用的约束。

在售后保质期内考虑维修决策问题方面，Park 和 Pham（2016）在两种装备保质期内的售后服务策略下，建立从客户角度的费用模型，模型同时考虑装备维修时间和失效时间，在维修时间阈值（由装备结构确定）内进行最小维修，超过时间阈值则进行更换维修，并对冲击更换维修和役龄更换维修进行了比较，以确定装备的最优维修决策，最后通过实例仿真验证了所建维修模型的有效性。Shang 等（2016）研究了在制造企业提供保质期过期之后的非完好维修决策问题，在两种竞争失效模式下，提出了在保质期过后进行预防维修，在设备役龄到一定阶段进行更换维修的维修策略。Shafiee 和 Chukova（2013）对保质期内装备维修模型进行了研究综述，并对未来研究方向做出了详细的阐述。

从维修优化模型建立的角度，许多学者借助 Markov 过程、概率论、Monte-Carlo 模拟、非线性规划等理论进行装备维修建模。Gürler 和 Kaya（2002）运用半马尔科夫过程方法描述了复杂装备系统及元件的退化过程，元件及系统都是多状态的，并进一步分为四个阶段：完好、疑似故障、预期预防维修、故障，当元件状态退化至预防维修、故障时系统采取更换维修方式或者是当疑似故障的元件数目达到阈值时，装备系统采取更换维修，以长期平均维修费用最小为目标进行了维修决策优化。Amari 等（2006）构建了广义视情维修（CBM）模型，模型中描述了装备系统随机退化过程并详细阐述了不同维修方式的维修效果及元件监测策略。通过 Markov 决策过程研究了最优维修费用 - 效率的维修决策问题，最后也给出了元件最优监测计划。Nourelfath 和 Ait-Kadi（2007）针对多状态串—并联装备系统的维修决策问题，在可靠性水平、最小化维修费用等约束下构建了通用生成函数与马尔科夫方法相结合的维修模型，并分析了共享维修人员对系统可靠性的影响。Ponchet 等（2010）研究了装备系统在运行过程中受到突然冲击的维修策略问题，从维修角度分析了监测模式改变对系统退化过程的影响，运用 Markov 方法描述了装备系统退化行为，以长期维修费用为优化目标进行问题求解，文中也对两种不同形式的视情维修进行了对比分析。Xu 等（2012）考虑了企业生产系统与安全系统的交互作用，由非齐次马尔科夫模型描述安全系统过程，通过 UGF 函数确定系统及元件性能状态，从而确定在满足系统安全性需求时，使得更换维修费用最小化。Lisnianski 等（2008）和 Ding 等（2009）针对多状态装备系统最优维修计划问题，构建非齐次马尔科夫模型，并对装备系统维修优化问题进行了求解。Kim 等（2009）针对存在两类失效模式的多状态装备系统的维修决策问题，运用半马尔科夫方法进行了模型构建，并对维修问题进行了优化决策。Xiang 等（2012）将装备系统元件的瞬时失效率与马尔科夫过程理论相结合，并采用仿真试验方法，估计出装备系统元件首次故障时间的分布函数，同时也计算出经济利益最大化目标下的最优维修决策。

Barata 等（2002）通过蒙特卡罗方法模拟多状态复杂装备及其元件的退化过程，假设状态可以连续监测，为达到装备系统在服役阶段的维修费用最少，采用视情维修策略对问题进行了寻优研究。Chen 和 Popova（2002）在两维度保质期内，通过迭代算法估计复杂装备系统元件的失效率函数，运用蒙特卡罗方法进行维修策略的优化决策。Hilber（2007）研究了电力网络系统事后维修和预防维修策略的多目标优化问题，考虑电力突然中断和维修预算两方面的约束，运用蒙特卡罗方法进行过程模拟，最后通过改进的粒子群算法对维修模型进行了优化求解。Clavareau 和 Labeau（2009）针对装备由于技术陈旧而采取更换维修的问题，通过蒙特卡罗方法对装备系统长期平均累积成本进行了模拟，并分析了事后维修、预防维修、更换维修等不同维修方式对装备系统效益的影响。

在人工智能应用于装备系统维修方面，Kobbacy（2008）出版了设备维修中人工智能一书，并详细介绍了人工智能在复杂装备维修应用。Nebot 等（2005）研究了核电厂应急发电机的最优维修策略问题，为增加核电厂的安全性，文中模型引入可用性、可靠性、维修性等多个指标，最后通过 GA 算法求解了所建模型。Morcous 和 Lounis（2005）利用 GA 算法寻优过程鲁棒性和解决计算复杂性的优势，通过遗传算法确定基础设施网络的最优维修策略。Martorell 等（2010）构建 RAW+C 模型（Reliability、Availability、Maintainability、Cost），分析了维修人员和备件数量对模型的影响，最后以电机驱动中的泵装置为例，通过 GA 算法求解所建模型，得出最优维修方式。Charongrattanasakul 和 Pongpullponsak（2011）以 EWMA（Exponentially Weighted Moving-Average）控制图的形式将装备系统计划维修策略与统计过程控制相结合，并通过遗传算法对所建维修模型进行了寻优求解，以实现装备系统的维修成本最小化。Hai 等（2014）考虑"积极"和"消极"两种维修费用策略，构建复杂装备的动态成组维修策略，文章分析了装备结构对成组维修的影响，通过滚动时域（Rolling Horizon）和 GA 算法相结合进行了模型求解。

在运用随机过程理论、非线性规划方法进行装备维修建模方面，Lugtigheid 和 Banjevic（2004）通过非齐次泊松过程描述一个考虑运行时间、系统状态（由役龄和维修方式确定）的可修复装备系统，构建风险比例模型，并分析了不同维修方式对装备系统可靠性的影响。Nielsen 和 Sørensen（2011）提出系统中元件的故障不仅影响装备运行效率，也增加了运行成本，在文章中采用贝叶斯后验决策理论以确定系统元件最优维修策略，并将所建模型应用于海上风力发电机组中，进行了实例验证。Boondiskulchock 等（2006）在研究了设备租赁情形下，以总期望费用（维修费用与惩罚费用之和）最小化为目标函数的最优装备升级策略及预防维修决策。Liu 等（2014）针对存在连续退化过程装备系统的预防维修问题，以系统可靠性为目标函数，首先通过生产 - 成本（yield-cost）重要度方法对需维修的元件筛选，最后采用成本优化目标函数实现维修方式的选择。Gustavsson 等（2014）构建了预防维修策略的复杂装备整数线性规划模型，并在风力发电机组、火车机头、飞机等工业领域进行了模型验证，提出了使维修间隔成本最小的预防维修决策方法。Irfan 等（2013）在修复维修费用和更换维修费用是随机变量假设下，构建装备系统可靠性最大化的非线性规划模型，通过机会约束规划方法确定修复元件数量，更换维修元件数目。本书也分析了给定可靠性需求时，系统最小的维修成本。

1.2.6 文献评述

在对关于复杂装备可靠性分析及维修策略的国内外研究综述中可以看出，专家学者在装备可靠性理论探索、维修决策实践等领域均获得较好的研究成果。国内外关于复杂装备系统的内涵、特征等问题已建立了比较完善的理论框架，但在不同领域，面对多元化的研究对象，其相应的研究模式仍需不断发展、不断创新。复杂装备运行过程中可靠性保障工作在低水平、非系统化的状态中徘徊，装备性能水平内部退化机理需进一步明晰，在复杂装备运行过程可靠性与维修策略研究中仍存在以下问题：

复杂装备运行过程中内部故障机理与性能状态退化规律研究不足。现代装备是一个复杂系统，涉及机械、液压和电气控制等多个学科领域，内部子系统及设备单元类型各异、结构组成复杂、设备单元状态空间繁多。对此，一方面需要准确地描述复杂装备运行过程中各种质量影响因素对系统失效规律和状态的影响，另一方面还需对复杂装备系统分解或近似对其建模、分析，并简化以降低问题的复杂度。因此，在建立有效的理论技术、克服复杂装备系统可靠性建模复杂性的基础上，进一步明确复杂装备运行过程中的失效传递关系。

复杂装备运行过程中装备维护决策有待完善。复杂装备结构复杂、技术先进、成本高昂、功能多元化，而这也给装备维护带来挑战和困难。目前对于复杂装备维护，多是从状态监测水平、冲击损伤强度角度考虑，计算部件失效次数阈值进行更换维修，并未考虑元件的失效率、修复率对性能状态损失的影响，尤其是部件存在多个失效状态的情形。另外，复杂装备往往承担特殊性任务，工作环境恶劣，且需要长时间运行，对维护人员的技术水平要求严格，因此在复杂装备维护过程中，备件的短缺、维修时间有限等维修问题突出，很大程度上破坏了复杂装备的运行可靠性、稳定性。本书从考虑元件状态演变规律及失效率、修复率对装备性能状态影响的角度，进一步研究复杂装备维修决策问题。

复杂装备运行过程中动态的不确定性及多源信息融合研究欠缺。不确定性除了表现在系统和元件的衰退演变规律、装备外部环境冲击损伤发生的随机性以外，还普遍存在于企业决策人员受自身经验、知识等因素影响形成主观偏好所产生的不确定性，这些不确定性都将对复杂装备系统的运行、维护、费用控制等决策的制定产生重要影响；另外，随着监测技术的提升，在复杂装备运行过程中，需要处理的信息呈几何性增长，信息类型多样，信息融合与信息冲突问题需进一步研究。因此，研究和建立复杂系统中各类型不确定性的表达、信息融合等问题的完备理论，将有助于从本质上提高系统可靠性。

总的来说，复杂装备运行可靠性分析与维修策略的制定应为一个动态机制，能够灵活、准确、真实地描述复杂装备在服役阶段时由多变任务、水平各异的操作人员、动态不确定的环境与设备内部退化机理共同作用引起的性能状态退化与可靠性演变规律，并为客户能够提供一套经济的、有效的复杂装备运行过程中可靠性保障理论方法与体系。

1.3　研究内容及框架

1.3.1　研究内容

（1）复杂装备运行过程可靠性分析与维修决策研究框架

提出了复杂装备运行过程可靠性分析与维修决策研究框架。通过论述复杂装备运行可靠性相关理论，针对其功能繁多、结构复杂、多故障源等特点，本书将多态可靠性理论、重要度理论、通用生成函数、证据理论引入复杂装备的运行过程的可靠性分析中，探讨了装备及元件多状态退化机理，在此基础上提出了装备系统服役阶段的可靠性分析研究框架，为复杂装备可靠性分析及维修决策的制定奠定了理论支撑。

（2）基于 GERT 网络复杂装备关键子系统及部件识别方法

根据约束理论（Theory of Constraints, TOC），复杂装备的性能状态是由其内部关键子系统功能所决定的，装备整体绩效被其内部短板的实际表现所限制。因此提升复杂装备整体性能的最有效途径是找出系统的关键功能节点，并采取相应控制措施对其进行改善和提升。复杂装备是一类多层级、多结构、传递关系繁杂的大型系统，其中关键节点的性能水平决定了其整体功能，由于复杂装备不同子系统的性能度量差异较大，不同子系统的判定标准往往不能直接比较；另外复杂装备内部结构众多，形成复杂网络，性能损失在传递过程中不断的积累、放大，进而影响装备最终的状态水平。因此本书在合理测度复杂装备子系统多元可靠性基础上，构建子系统 GERT 网络模型；设计相关算法和诊断复杂装备系统内部的可靠性波动传递过程，识别复杂装备系统关键子系统及部件，为复杂装备可靠性分析提供新的研究思路和方法。

（3）基于全寿命综合重要度的复杂装备更换维修决策方法

复杂装备在运行过程中通常会经受各种冲击损失以及老化衰退等失效因素的影响，装备系统及设备单元的性能状态随着时间的累积从完好状态逐渐退化，最终发生故障。在进入装备维护阶段，决策人员需确定装备的失效状态、元件的维修时间等关键因素。本书基于综合重要度方法研究了多态复杂装备系统全寿命周期内组件重要度，给出了并—串联和串—并联典型多态混联装备系统生命周期综合重要度的计算方法。通过算例仿真，分析了组件在不同失效率和维修率条件下，组件综合重要度随时间变化的情况，并确定复杂装备内部元件的更换维修决策。

（4）基于双层模糊综合评价的复杂装备维修决策方法

针对基于复杂装备故障模式的维修决策问题，首先分析复杂装备及子系统的所有故障模式，结合复杂装备应用环境的特殊性，提出双层模糊综合方法进行维修方式的决策，并以设备控制单元探头为例进行了实证分析，结果验证了方法的可行性。

（5）基于模糊 D-S 理论的复杂装备维修方案优化方法

装备维修方案的评价与优选直接关系到装备可靠性保障成功与否，良好的设备维修方案才能保证装备在服役使用阶段的性能完善。随着技术的发展，现代制造企业面对客户需求的信息模糊不确定性、多元化复杂性、时变不完备性，使得企业对正确理解客户需求存在偏差性问题，企业针对此类问题会做出多个可行的维修备选方案。因此，针对当前复杂装备维修方案评价方法存在的不足，提出一种结合 D-S 理论和 TOPSIS 算法的混合多属性决策模型，同时引入直觉模糊理论用以表达信息的不确定性。

1.3.2 研究方法

本书以装备可靠性工程为基础，并与多个学科知识相结合进行复杂装备可靠性分析及维修决策的研究。为保证研究方法运用的合理性、系统性，在文中采用文献归纳法、理论分析法、实例验证法对问题进行研究。下面针对研究所用方法进行具体阐述：

文献归纳法，检索并阅读大量与研究相关的文献，充分了解国内外现有相关研究现状，采用归纳、比较、演绎等方法对所搜集文献按照研究的重点问题和采用的研究方法进行了分类，指出了研究的最新进展和不足，明确了复杂装备可靠性、维修性内涵，并在相关章节的写作中作为理论基础加以引用。大量的文献阅读以及对基础理论的引用，使展开的关于复杂装备可靠性分析及维修决策摆脱了经验的桎梏，方向更加明晰。

理论分析法，文中借鉴了通用生成函数、综合重要度、证据理论等方法，并对已有的理论方法进行合理的运用和改进，在文中遵循由元件到系统，由可靠性分析到装备维护的逻辑关系，依次开展关键子系统识别、装备更换维修决策、装备选择性维修决策、装备维修方案优化等方面的研究。

实例验证法，本书以课题组与中石油天然气有限公司塔里木油气分公司合作项目《轮南、库尔勒作业驱动设备 RCM 分析》为研究背景，课题主要研究内容是关于燃驱压缩机装备系统的维修优化决策，获取到燃驱压缩机运行可靠性相关数据及调研数据，进行了数据处理，找出适用于本研究的数据，并应用于本书所建模型的检验。

1.3.3　研究框架

本书共分为六章，以解决复杂装备运行过程可靠性及维修性中的复杂性和不确定性问题为中心展开研究。图 1-2 给出了本书的研究框架及各章节的逻辑关系，各章的研究内容描述如下：

第一章为绪论，介绍了本书研究的背景、意义，综述了国内外复杂装备可靠性和维修策略的研究现状，详细介绍了本书的主要研究内容及结构。

第二章是提出了复杂装备运行过程可靠性分析与维修决策研究框架。介绍了复杂装备运行过程中的多状态理论概念及其内涵，阐述了与可靠性分析、维修决策相关的基本数学工具，本书将多态可靠性理论、重要度理论、通用生成函数、证据理论引入复杂装备的运行过程的可靠性分析中，探讨了装备及元件多状态退化机理，在此基础上提出了装备系统服役阶段的可靠性分析研究框架，为复杂装备可靠性分析及维修决策的制定奠定了理论支撑。

第三章将进行基于 GERT 网络的复杂装备关键子系统及部件识别研究，构建复杂装备内部多元可靠性函数，根据复杂装备子系统结构，部件之间逻辑关系，形成复杂装备 GERT 网络；并设计探测复杂装备关键子系统及零部件算法，为识别复杂装备运行过程中可靠性瓶颈提供一种新的分析思路。

第四章在回顾更换维修研究的基础上，将综合重要度概念引入装备运行过程的日常维护中，介绍了综合重要度计算方法，并扩展至全寿命周期综合重要度方法，给出了全寿命周期综合重要度相关性质的推理过程。由于现代装备的结构复杂性，在文中着重分析了串—并联、并—串联混联结构装备系统的全寿命周期综合重要度的计算公式，最后给出了基于全寿命综合重要度存在多失效状态的装备更换维修决策方法，并通过算例仿真对构建模型进行了验证。

第五章为基于双层模糊综合评价的复杂装备维修决策方法，考虑复杂装备组成结构，以油田作业驱动设备燃驱压缩机为研究对象，分析燃驱压缩机所有故障模式，并考虑装备实际运行特征，利用装备实际运行数据，采用双层模糊综合评价方法进行设备维修，并以设备控制单元探头为例，进行了方法有效性的验证。

第六章为基于模糊 D-S 理论的复杂装备维修方案优化研究，维修方案优化问题属于多属性群决策范畴。首先进一步完善了维修方案评价指标体系，由于专家给出的评估信息受经验和主观偏好的影响而带有较强的不确定性和模糊性，证据理论可以有效处理不确定信息，通过证据"相对可信度"和焦元"识别一致性"修正原始证据理论，将修改后证据理论用于包含不确定信息的专家决策的融合，采取直觉模糊集描述评估专家评，构建了维修方案模糊决策矩阵，采用主客观赋权相结合的"结构熵权法"确定维修评价指标权重，在分析过程中充分考虑维修方案中的冲突性和信息不确定性，通过模糊 TOPSIS 方法实现方案的筛选。

第七章为研究结论与展望，总结全书主要研究工作，指出研究不足，并给出未来研究方向。

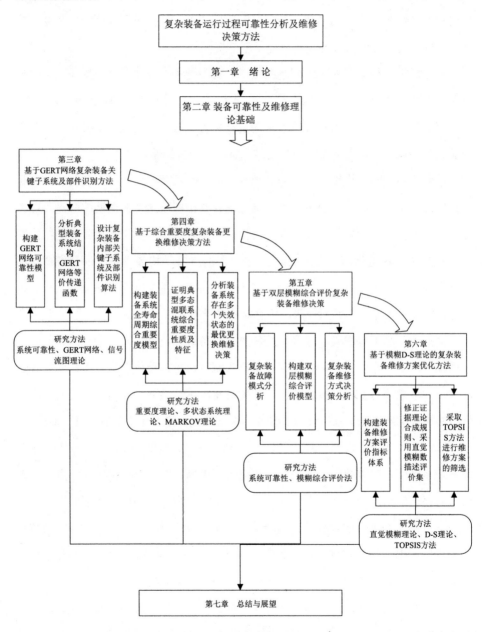

图1-2　研究框架

第二章　复杂装备可靠性理论及研究框架

复杂装备是装备制造业中处于价值链高端、产业链核心环节，是国家综合竞争力的体现，是现代装备制造产业转型发展的基础，是推动工业装备智能发展升级的引擎。大力发展和培育复杂装备制造业，是提升装备制造产业链核心竞争力的必然要求，是抢占经济和科技发展制高点的战略选择，对我国实现由制造业大国向制造强国转型具有重要战略意义。本章针对复杂装备结构复杂、技术复杂、类型各异、任务多变、多故障源等特点，本章从复杂装备的基本特征出发，详细阐述分析此类设备的基本方法，分析了复杂装备多状态形成机理，探讨了多状态复杂装备可靠性分析过程，阐述了复杂装备运行过程故障特征，描述了复杂装备维护特点，给出了复杂装备运行过程可靠性分析研究框架，为复杂装备运行过程可靠性分析及维修决策方法提供理论基础。

2.1　复杂装备可靠性分析与维护理论基础

针对现代复杂装备结构复杂、技术复杂、类型各异、任务多变、多故障源等特点，本节从复杂装备的基本特征出发，详细阐述分析复杂装备可靠性的基本方法，将多状态理论、Markov 过程、通用生成函数、直觉模糊集理论引入装备运行过程可靠性分析和维护中，探讨了复杂装备系统可靠性分析过程，为复杂装备运行过程可靠性分析及维修决策方法提供理论基础。

2.1.1 复杂装备运行过程中的多态性理论

（1）复杂装备多状态概述

复杂装备系统在运行过程中，由于受加工任务的多样性、生产环境的不确定性、操作人员技术的熟练程度等因素影响，造成了复杂装备及各组成设备单元始终在不同效率水平上运行以完成相应的任务。比如切削设备的轴承，根据任务的区别，可以设置不同的功率状态。这些由人为设定的复杂装备多态性为主动性多状态。同时，随着设备的磨损、外部环境的变化及复杂的内部退化机制使得复杂装备的状态呈现一种不可逆的退化趋势。当这种退化效应慢慢积累，最终导致整体系统性能的损失，直至维修。这种由装备内部退化机理决定的多态性称为被动性多状态。复杂装备及设备单元其性能状态的退化过程一般是连续的，为明确状态水平对系统性能的影响，依据划分规则使得装备及元件的性能状态水平变为有限数目。如存在一装备系统其状态数目为 K 个，其中 K 为完好工作状态，1 为完全故障状态。复杂装备的状态示意图如图 2-1 所示。

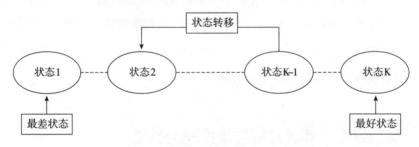

图2-1 复杂装备的状态示意图

（2）多状态复杂装备可靠性分析模型

假设某复杂装备系统由 n 个设备单元构成，其中任一元件 i $(i=1,2,\cdots,n)$ 具有 j $(j=1,2,\cdots,n_i)$ 个不同的状态。因此对应元件 i 的性能状态集合形式如下：

$$g_i(t)=\{g_{i1}(t),g_{i2}(t),\cdots,g_{ij}(t),\cdots,g_{in_i}(t)\} \tag{2-1}$$

其中，$g_{ij}(t)$ 表示设备 i 在时刻 t 处于状态 j。根据随机过程理论，设备单元处在任意时刻 $t \geqslant 0$ 的状态 $g_i(t)$ 是一随机变量，与之对应的状态概率 $p_i(t)$ 可表示为如下形式：

$$p_i(t) = \{p_{i1}(t), p_{i2}(t), \cdots, p_{ij}(t), \cdots, p_{in_i}(t)\} \tag{2-2}$$

其中，$p_{ij}(t) = \mathrm{Pr}\{g_i(t) = g_{ij}(t)\}$ 表示在时刻 t 设备单元处于状态 $g_{ij}(t)$ 时的概率，由于装备系统单元各性能状态是相互独立且互斥的，因此：

$$\sum_{j=1}^{n_i} p_{ij}(t) = 1 , \quad t \geqslant 0 \tag{2-3}$$

多状态复杂装备的性能是由各设备单元的状态及设备单元与装备系统的组成结构关系所决定的，因此复杂装备系统的状态是其组成元件状态的函数。假设复杂装备有 $J(J = 1, 2, \cdots, S)$ 个不同性能状态，则装备系统状态的函数可表示为：

$$S = \prod_{i=1}^{n} n_i \tag{2-4}$$

则在任意 $t \geqslant 0$ 时刻的状态集合为：

$$G(t) = \{G_1(t), G_2(t), \cdots, G_J(t), \cdots, G_S(t)\} \tag{2-5}$$

其中，$G_J(t)$ 表示复杂装备处于状态 J 的性能等级，与之对应的状态概率 $p_s(t)$ 可表示为如下形式：

$$p_s(t) = \{p_{s1}(t), p_{s2}(t), \cdots, p_{sJ}(t), \cdots, p_{sS}(t)\} \tag{2-6}$$

式中，$p_{sJ}(t)$ 表示装备系统处于状态 J 的概率。

设 $L^n = \{g_{11}, g_{12}, \cdots, g_{1m_1}\} \times \{g_{21}, g_{22}, \cdots, g_{2m_2}\} \times \cdots \times \{g_{n1}, g_{n2}, \cdots, g_{nm_n}\}$ 为复杂装备所有设备单元状态的组合空间，$R = \{G_1, G_2, \cdots, G_S\}$ 为复杂装备系统状态的组合空间，$L^n \rightarrow R$ 表示元件单元状态空间到复杂装备状态空间的映射。其映射关系如下所示：

$$G(t) = \phi(g_1(t), g_2(t), \cdots, g_n(t)) \tag{2-7}$$

其中，ϕ 表示系统结构函数，$G(t)$ 表示元件状态与系统性能状态的映射关系。

在分析了装备系统及元件的状态概率分布之后，接下来对装备可靠性分析进行概括说明。假设存在向量：

$$R_i(t) = \left\{ R_{i1}(t), R_{i2}(t), \cdots, R_{ij}(t), \cdots, R_{in_i}(t) \right\} \ t \in [0, \infty), \ i = 1, 2, \cdots, n \qquad (2\text{-}8)$$

其中 $R_{ij}(t) = \Pr(g_i(t) > j \mid g_i(0) = n_i)$，表示元件 i 在时刻 $t \in [0, \infty)$，元件性能状态高于 j 的概率，当 $t = 0$ 时，其性能状态为 n_i。则称 $R_{ij}(t)$ 为元件 i 的多状态可靠性函数。现在给出多状态复杂装备运行可靠性定义：装备在规定的运行条件下及规定的时间范围内所具备的性能状态完成规定任务的能力。从定义可知，当装备系统的性能状态满足任务需求时，装备具有较高的可靠性。假设任务需求的最低状态为，则装备系统运行可靠性可定义为：

$$R_s(t) = \Pr\{ G_s(t) \geqslant G^*(t) \} = \sum_{J=1}^{S} p_{sJ} \mathbb{1}[G_s(t) - G^*(t) \geqslant 0] \qquad (2\text{-}9)$$

其中 $\mathbb{1}(\cdot)$ 为指示函数，$\mathbb{1}(\text{Ture}) = 1$，$\mathbb{1}(\text{False}) = 0$。

2.1.2　重要度理论

一个系统通常有多个元件构成，不同元件对系统性能的影响也是各异的。在设备维护过程中，决策人员通常需利用有限的资源对系统进行高效的设计、提高和维护。然而，对高度复杂的系统而言，获得最优化的策略是非常困难的。在这种情况下，需根据元件对系统的重要性进行资源的合理分配，将有限的资源用在最重要的少量元件上，这就引出了重要度的概念。

在可靠性领域中，重要度用于评估系统中单个元件或元件组的相对重要性，并且可以在系统结构、元件可靠性和元件寿命分布的基础上得到计算结果。重要度可表示为单个元件或者元件组重要性的一种度量，也可以是元件之间的相对排序，这种排序可能是局部的，也可能是完备的。一般而言在，在重要度的应用中，元件重要度相对排序比起绝对值更重要。这种排序可能由元件可靠性的序列或范围决定，而不需要元件可靠性的确切值。元件可靠性的排序和范围要比其确切值更容易确定，这使得重要度变得相对简单。

Birnbaum 依据重要度概念内涵将重要度分为三类。第一类为结构重要度，此类重要度用于测量装备系统中元件它们位置的相对重要性。结构重要度只是以系统结构知识为基础，而不涉及元件的可靠性。系统的设计可以完全确定结构重要度。需要指出的是，元件的结构重要度实际表达的是元件在系统中所占位置的重要性。第二类为可靠性重要度，这种重要度主要用于元件任务时间固定的情况，通过元件在固定时刻的可靠性进行计算。可靠性重要度由系统结构函数和元件的可靠性确定。因此，为了得到可靠性重要度，需提前确定元件的任务时间和可靠度。第三类为寿命重要度，这类重要度在系统和元件有较长或无限任务时间使用。寿命重要度由元件在系统的位置和元件寿命分布共同确定。根据寿命重要度是否是时间的函数，这种重要度进一步分为两个子类，时间相关的寿命重要度和时间独立的寿命重要度。

重要度是近年来装备可靠性研究领域发展起来的新兴方向。早期的重要度是对一个概率系统的灵敏度分析。随着装备系统性能的不断提升，装备结构复杂程度的不断增加，人们已经对其他类型的重要度展开了研究，并在核电装备、航空航天、通信网络、交通运输等诸多行业进行了探索应用。综合重要度是 Si 等在 Griffith 重要度计算方法基础上，综合考虑装备系统元件概率分布，元件状态转移率及其对装备性能的影响，提出了基于元件的重要度计算方法。

（1）Griffith 重要度

假设 a_j 为装备系统处于状态 j 的性能，装备系统性能从完好工作状态到失效状态依次递减，$a_M \geqslant a_{M-1} \geqslant \cdots \geqslant a_0$，$a_0$ 表示系统处于失效状态时的性能，即 $a_0 = 0$。装备系统性能表达式为：

$$U = \sum_{j=1}^{M} a_j \Pr(\Phi(X) = j) = \sum_{j=1}^{M} a_j \Pr(\Phi(x_1, x_2, \cdots, x_n) = j) \tag{2-10}$$

在装备性能状态退化过程中，元件相邻状态之间转移过程如图 2-2 所示，由此 Griffith 重要度表达式为：

$$I_m^G(i) = \sum_{j=1}^{M} (a_j - a_{j-1})[\Pr(\Phi(m_i, X) \geqslant j) - \Pr(\Phi((m-1_i), X) \geqslant j)] \tag{2-11}$$

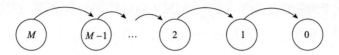

图2-2　元件相邻之间状态转移过程

$I_m^G(i)$ 为装备元件 i 从状态 m_i 退化至状态 $m-1_i$ 时，系统性能的变化，基于装备性能公式及 Griffith 重要度，装备性能公式可转化为：

$$U = \sum_{j=1}^{M}(a_j - a_{j-1})\Pr(\Phi(0_i, X) \geq j) + I^G(i)\cdot \rho_i^T, \quad \rho_i = (\rho_{i1}, \rho_{i2}, \cdots, \rho_{iM_i}) \qquad (2\text{-}12)$$

其中 $I^G(i) = (I_1^G(i), I_2^G(i), \cdots, I_{M_i}^G(i)) = (\frac{\partial U}{\partial \rho_{i1}}, \frac{\partial U}{\partial \rho_{i2}}, \cdots, \frac{\partial U}{\partial \rho_{iM_i}})$。所以 $I_m^G(i) = \frac{\partial U}{\partial \rho_{im}}$，则 $I_m^G(i)$ 可用于衡量 ρ_{im} 的变化对装备性能的影响程度。

x_i 的概率分布用 $(P_{i1}, P_{i2}, \cdots, P_{iM_i})$ 来表述，其中 $P_{i0} = 1 - \sum_{j=1}^{M_i}P_{ij}$。所以：

$$\frac{\partial U}{\partial P_{im}} = \frac{\partial I^G(i)\cdot \rho_i^T}{\partial P_{im}} = \sum_{k=1}^{m}I_k^G(i), i > 0$$

$$= \sum_{k=1}^{m}\sum_{j=1}^{M}(a_j - a_{j-1})[\Pr(\Phi(k_i, X) \geq j) - \Pr(\Phi((k-1)_i, X) \geq j)]$$

$$= \sum_{j=1}^{M}(a_j - a_{j-1})\sum_{k=1}^{m}[\Pr(\Phi(k_i, X) \geq j) - \Pr(\Phi((k-1)_i, X) \geq j)] \qquad (2\text{-}13)$$

$$= \sum_{j=1}^{M}(a_j - a_{j-1})[\Pr(\Phi(m_i, X) \geq j) - \Pr(\Phi(0_i, X) \geq j)]$$

$$= \sum_{j=1}^{M}a_j[\Pr(\Phi(m_i, X) = j) - \Pr(\Phi(0_i, X) = j)]$$

（3）综合重要度

Griffith 重要度表示的是装备系统退化过程，元件相邻状态之间的退化对装备系统性能的影响，在装备实际运行中，元件的退化过程并不仅限于相邻状态之间，可从最佳性能状态 m 退化至任意状态 $(m-1, m-2, \cdots, 0)$，如图 2-3 所示。

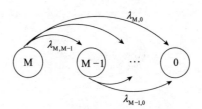

图2-3 系统元件状态退化转移

装备在服役阶段，由于操作技术水平、运行环境、元件役龄的影响，呈现一种不可逆的退化过程，在此过程中元件 i 的状态之间的转移可以由如下矩阵表示：

$$\Psi = \begin{bmatrix} \lambda_{M_i,M_i-1}^i & \lambda_{M_i,M_i-2}^i & \cdots & \lambda_{M_i,1}^i & \lambda_{M_i,0}^i \\ 0 & \lambda_{M_i-1,M_i-2}^i & \cdots & \lambda_{M_i-1,1}^i & \lambda_{M_i-1,0}^i \\ \vdots & \vdots & \ddots & \vdots & \vdots \\ 0 & 0 & 0 & 0 & \lambda_{1,0}^i \end{bmatrix} \tag{2-14}$$

从 Griffith 重要度公式可知，$I_m^G(i)$ 没有考虑装备系统元件的状态概率分布和状态转移概率。由于元件的状态概率分布及状态转移率描述了元件状态的基本特性，Si 等将其引入综合重要度中用于表示单位时间内，由于元件状态的退化导致系统性能的期望损失，综合重要度公式如下：

$$I_m^{IIM}(i) = P_{im} \cdot \lambda_{m,0}^i \sum_{j=1}^{M} (a_j - a_{j-1})[\Pr(\Phi(m_i,X) \geqslant j) - \Pr(\Phi(0_i,X) \geqslant j)]$$

$$= P_{im} \cdot \lambda_{m,0}^i \sum_{j=1}^{M} a_j [\Pr(\Phi(m_i,X) = j) - \Pr(\Phi(0_i,X) = j)] \tag{2-15}$$

$I_m^{IIM}(i)$ 表示当元件 i 从状态 m 退化至状态 0 时，单位时内系统性能的期望损失。根据所有元件状态综合重要度的排序，综合衡量哪个元件及元件状态对系统性能影响是最重要的。

当 $M_i = 1$，多状态装备系统变为二态系统，元件的状态转移过程如图 2-4 所示。

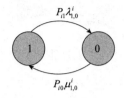

图2-4 元件 i 状态转移

图中表示元件的维修率，若元件的寿命分布和维修时间满足指数分布，则该过程为马尔科夫过程，则元件的稳态概率分布为：

$$P_{i1}\lambda_{1,0}^i - P_{i0}\mu_{1,0}^i = 0 \qquad (2\text{-}16)$$

所以：

$$U = \sum_{j=1}^{M} a_j \Pr(\Phi(X) = j) = a_1 \Pr(\Phi(X) = 1) \qquad (2\text{-}17)$$

$$I_1^G(i) = (a_1 - a_0)[\Pr(\Phi(1_i, X) = 1) - \Pr(\Phi(0_i, X) = 1)] \qquad (2\text{-}18)$$

$$= a_1[\Pr(\Phi(1_i, X) = 1) - \Pr(\Phi(0_i, X) = 1)]$$

$$I_1^{IIM}(i) = (a_1 - a_0)P_{i1} \cdot \lambda_{1,0}^i[\Pr(\Phi(1_i, X) = 1) - \Pr(\Phi(0_i, X) = 1)] \qquad (2\text{-}19)$$

$$= a_1 P_{i0} \cdot \mu_{0,1}^i[\Pr(\Phi(1_i, X) = 1) - \Pr(\Phi(0_i, X) = 1)]$$

$$= a_1 \mu_{0,1}^i[\Pr(\Phi(1_i, X) = 1) - P_{i1}\Pr(\Phi(1_i, X) = 1) - P_{i0}\Pr(\Phi(0_i, X) = 1)]$$

$$= a_1 \mu_{0,1}^i[\Pr(\Phi(1_i, X) = 1) - \Pr(\Phi(X) = 1]$$

$$= \mu_{0,1}^i[a_1 \Pr(\Phi(1_i, X) = 1) - a_1 \Pr(\Phi(X) = 1] = \mu_{0,1}^i[a_1 \Pr(\Phi(1_i, X) = 1) - U]$$

式（2-18）的后半部分 $\Pr(\Phi(1_i, X) = 1) - \Pr(\Phi(0_i, X) = 1)$ 是元件 i 的 Birnbaum 重要度，Griffith 重要度是 Birnbaum 重要度的扩展。由式可知，$I_1^{IIM}(i)$ 为对装备元件 i 采取维修措施时，系统性能的变化。若 $\mu_{0,1}^i = 1$，那么 $I_1^{IIM}(i) = a_1 \Pr(\Phi(1_i, X) = 1) - U$。

2.1.3 马尔科夫过程

马尔科夫过程是利用状态概率转移来描述系统的运行情况。对于一个系统，

用变量 $X(t)$ 表示装备系统所处状态，装备系统处于不同状态时，赋予变量 $X(t)$
相对应的取值，当变量 $X(t)$ 的取值发生改变时，则表明装备系统性能状态进行了
转移。假设任一装备系统，存在工作和故障两种状态，若系统从工作状态退化到
故障状态，设备性能失效，经过维修，设备从失效状态恢复工作状态。状态转移
如图 2-5 所示。由于装备故障出现的时刻是随机的，设备维修时间也是随机变量，
因此这类状态转移是完全随机的。

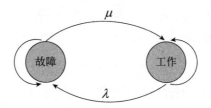

图2-5　状态转移过程

在某一时刻 t_0，装备系统有一种运行状态转移至另一种状态，若装备状态之
间转移概率只与装备系统现在所处状态有关，而与时刻 t_0 之间的状态无关，这称
为马尔科夫过程。装备系统运行过程中该性质条件概率分布函数可被描述为：

$$P\{X(t_n) = x_n / X(t_{n-1}) = x_{n-1}\}$$
$$= P\{X(t_n) = x_n / X(t_{n-1}) = x_{n-1}, X(t_{n-2}) = x_{n-2}, \cdots, X(t_1) = x_1\} \quad （2-20）$$

式中 $X(t_i) = x_i$，表示处在时刻 t_i $(i = 1, \cdots, n)$ 的状态。公式（2-20）说明装备
在某一时刻 t_n 所处状态仅与时刻 t_{n-1} 的装备状态有关，与元件之前的所有性能状
态无关，体现了马尔科夫的无后效性，或称马氏性。

系统或设备单元在时刻 t 的状态为 i，则 Δt 时刻后其状态为 j 的概率表
示为：

$$P_{ij}(t, \Delta t) = P\{X(t + \Delta t) = j / X(t) = i\} \quad （2-21）$$

对任何 $i, j, \Delta t$ 都成立，$P_{ij}(t, \Delta t)$ 称为状态转移概率，若元件状态概率只
随时间 Δt 变化，与时间 t 无关，则该马尔科夫过程是齐次的。

令 $i=j$ ，则有 $P\{X(t+\Delta t)=i \ / \ X(t)=i\}=p_{ii}(t,\Delta t)$ ，表示系统或元件在时刻 Δt 内并未发生状态之间转移的概率，且有 $p_{ii}(t,\Delta t)+\sum\limits_{j(j\neq i)}p_{ij}(t,\Delta t)=1$ 。由此，可定义：

$$\lambda_{ii}(t)=\lim_{\Delta t\to 0}\frac{p_{ii}(t,0)-p_{ii}(t,\Delta t)}{\Delta t}=\lim_{\Delta t\to 0}\frac{1-p_{ii}(t,\Delta t)}{\Delta t} \qquad (2\text{-}22)$$

$$\lambda_{ij}(t)=\lim_{\Delta t\to 0}\frac{p_{ij}(t,0)-p_{ij}(t,\Delta t)}{-\Delta t}=\lim_{\Delta t\to 0}\frac{p_{ij}(t,\Delta t)}{\Delta t} \qquad (2\text{-}23)$$

$\lambda_{ii}(t)$ 表示系统或元件在时刻 t 处于状态 i 的概率，$\lambda_{ij}(t)$ 表示系统或元件从状态 i 到状态 j 的转移概率。

若系统状态转移为齐次马尔科夫过程，则 $\lambda_{ii}(t)$ 和 $\lambda_{ij}(t)$ 与时间无关，可表示为 λ_{ii} 和 λ_{ij} 。对于齐次马尔科夫模型有如下函数关系式：

$$\begin{cases} P_{ij}(\Delta t)\geqslant 0 \\ \sum\limits_{j=1}^{N}P_{ij}(\Delta t)=1 \\ \sum\limits_{k=1}^{N}P_{ik}(u)P_{kj}(v)=P_{ij}(u+v) \end{cases} \qquad (2\text{-}24)$$

从公式（2-24）可知，在某时刻系统性能状态或转移，或处于原状态，式中第 3 部分是 Chapman-Kolmogorov 方程，表明系统状态之间经过多步转移与一步转移的概率是相等的。

若装备系统多状态元件 k 有 n_k 个性能状态，n_k 为元件完好性能状态，1 为故障 / 失效状态，λ_{ij}^{k} 表示元件从高性能状态 i 转移到低性能状态 j 的概率，μ_{ij}^{k} 为从低性能状态 i 维修至高性能状态 j 的概率。则概率转移矩阵为：

$$A=\begin{pmatrix} \lambda_{n_k n_k}^{k} & \lambda_{n_k n_k-1}^{k} & \cdots & \lambda_{n_k 2}^{k} & \lambda_{n_k 1}^{k} \\ \mu_{n_k-1 n_k}^{k} & \lambda_{n_k-1 n_k-1}^{k} & \cdots & \lambda_{n_k-12}^{k} & \lambda_{n_k-11}^{k} \\ \vdots & \vdots & \ddots & \vdots & \vdots \\ \mu_{2 n_k}^{k} & \mu_{2 n_k-1}^{k} & \cdots & \lambda_{22}^{k} & \lambda_{21}^{k} \\ \mu_{1 n_k}^{k} & \mu_{1 n_k-1}^{k} & \cdots & \lambda_{12}^{k} & \lambda_{11}^{k} \end{pmatrix} \qquad (2\text{-}25)$$

其中 $\lambda_{ii}^k = -(\sum_{j=1}^{i-1} \lambda_{ij}^k + \sum_{j=j+1}^{n_k} \mu_{ij}^k)$，在时刻 t，元件 k 在各个状态的概率通过 Kolmogorov 微分方程组得到：

$$\frac{dp_k(t)}{dt} = p_k(t)A \tag{2-26}$$

其中 $p_k(t) = \{p_{k1}(t), p_{k2}(t), \cdots, p_{kn_k}(t)\}$，方程组的初始条件可根据元件在开始服役时的状态概率确定。随着运行时间的累积，系统元件各状态的稳态概率分布通过公式（2-27）的线性方程组求得：

$$p_k A = 0 \tag{2-27}$$

其中，$p_k = \{p_{k1}, p_{k2}, \cdots, p_{kn_k}\}$ 表示元件 k 的各状态的稳态概率分布。

2.1.4 通用生成函数

通用生成函数（Universal Generating Function, UGF）是由 Ushakov 于 1987 年提出的一种简洁且高效的离散随机变量组合运算工具，被 Lisnianski 和 Levitin 广泛地应用于解决装备系统多状态性能可靠性评估问题。其基本思想是将离散随机变量表示成简单的多项式形式，并依据给定的离散随机变量运算规则通过得到最终的何多项式形式。由于通用生成函数（UGF）在处理离散随机变量组合运算上的优势。因此，本书中将其应用于装备系统选择性维修任务可靠性分析。

为详细阐述通用生成函数的基本原理，我们举例说明假设存在两个随机变量 X_1 和 X_2，随机变量性能取值分别对应的概率分布函数为：$\Pr\{X_1 = x_{1,i}\} = p_{1,i}$ $(1 \leq i \leq k_1)$ 和 $\Pr\{X_2 = x_{2,j}\} = p_{2,j}$ $(1 \leq j \leq k_2)$，则对应的通用生成函数可表示为：

$$u_1(z) = \sum_{i=1}^{k_1} p_{1,i} \cdot z^{x_{1,i}} = p_{1,1} \cdot z^{x_{1,1}} + p_{1,2} \cdot z^{x_{1,2}} + \cdots + p_{1,k_1} \cdot z^{x_{1,k_1}} \tag{2-28}$$

$$u_2(z) = \sum_{j=1}^{k_2} p_{2,j} \cdot z^{x_{2,j}} = p_{2,1} \cdot z^{x_{2,1}} + p_{2,2} \cdot z^{x_{2,2}} + \cdots + p_{2,k_2} \cdot z^{x_{2,k_2}} \tag{2-29}$$

其中 z 的指数表示随机变量的不同性能取值，而 z 自身并无实质意义，仅是一符号可用任意形式替换，其主要是用于区分随机变量的性能取值及相应的概率。该多项式也成为 z 变换多项式。

假设两个随机变量是相互独立的，则它们任意的函数计算结果还是离散随机变量，且是由通用生成函数的运算规则得出。随机变量 $X_1 + X_2$ 按照运算规则得到 X_3 的通用生成函数形式：

$$u_3(z) = \otimes(u_1(z), u_2(z)) = \sum_{i=1}^{k_1} \sum_{j=1}^{k_2} p_{1,i} p_{2,j} \cdot z^{x_{1,i}+x_{2,j}} = p_{3,1} \cdot z^{x_{3,1}} + p_{3,2} \cdot z^{x_{3,2}} + \cdots + p_{3,k_3} \cdot z^{x_{3,k_3}}$$

（2-30）

其中，$x_{3,i}$ 和 $p_{3,i}$ 分别表示离散随机变量 X_3 的性能取值及对应的发生概率，且有该离散变量之间组合运算实质上是计算随机变量的所有可能取值之和对应的发生概率。比如，随机变量 X_1 的可能取值为 $\{x_{1,1} = 2, x_{1,2} = 3\}$，相应的发生概率为 $\{p_{1,1} = 0.3, p_{1,2} = 0.7\}$；随机变量 X_2 的可能取值为 $\{x_{2,1} = 0, x_{2,2} = 1, x_{2,3} = 4\}$，相应的发生概率为 $\{p_{2,1} = 0.1, p_{2,2} = 0.5, p_{2,3} = 0.4\}$，则 $X_3 = X_1 + X_2$ 的通用生成函数为：

$$u_3(z) = \otimes(u_1(z), u_2(z)) = \sum_{i=1}^{2} \sum_{j=1}^{3} p_{1,i} p_{2,j} \cdot z^{x_{1,i}+x_{2,j}}$$

$$= p_{1,1} p_{2,1} \cdot z^{x_{1,1}+x_{2,1}} + p_{1,1} p_{2,2} \cdot z^{x_{1,1}+x_{2,2}} + p_{1,1} p_{2,3} \cdot z^{x_{1,1}+x_{2,3}}$$

$$+ p_{1,2} p_{2,1} \cdot z^{x_{1,2}+x_{2,1}} + p_{1,2} p_{2,2} \cdot z^{x_{1,2}+x_{2,2}} + p_{1,2} p_{2,3} \cdot z^{x_{1,2}+x_{2,3}}$$

$$= 0.03 \cdot z^2 + 0.15 \cdot z^3 + 0.12 \cdot z^6 + 0.07 \cdot z^3 + 0.35 \cdot z^4 + 0.28 \cdot z^7 \qquad （2-31）$$

通过合并通用生成函数多项式中具有相同指数的项，则随机变量 X_3 的通用生成函数可以表示为：

$$u_3(z) = 0.03 \cdot z^2 + 0.22 \cdot z^3 + 0.35 \cdot z^4 + 0.12 \cdot z^6 + 0.28 \cdot z^7 \qquad （2-32）$$

当存在多个离散随机变量运算时，上述通用生成函数法也成立。

借助前述通用生成函数基本原理，可将其用于评估复杂装备系统的性能水平及概率。若装备系统元件 l 的性能状态数目为 k_l，在时刻 t 的性能状态 $G_l(t)$ 为离散随机变量，对应的概率分布函数为 $\Pr\{G_l(t) = g_{l,i}\} = p_{l,i}$ $(1 \leqslant i \leqslant k_l)$，该元件 t 时刻的瞬时状态概率分布则表示为通用生成函数：

$$u_l(z) = \sum_{i=1}^{k_l} p_{l,i} \cdot z^{g_{l,i}} = p_{l,1} \cdot z^{g_{l,1}} + p_{l,2} \cdot z^{g_{l,2}} + \cdots + p_{l,k_l} \cdot z^{g_{l,k_l}} \tag{2-33}$$

当获得所有系统元件通用生成函数，可计算装备系统通用生成函数，若装备系统的性能状态数目为 K_s，在时刻 t 的性能状态也为离散随机变量，对应的概率分布函数为 $\Pr\{G_s(t) = g_{s,i}\} = p_{s,i}$ $(1 \leqslant i \leqslant k_s)$，则系统的瞬时状态概率分布可记为：

$$U_s(z) = \sum_{i=1}^{K_s} p_{s,i} \cdot z^{g_{s,i}} = p_{s,1} \cdot z^{x_{s,1}} + p_{s,2} \cdot z^{x_{s,2}} + \cdots + p_{s,K_s} \cdot z^{x_{s,K_s}} \tag{2-34}$$

若装备系统包含有 M 个元件，并且各元件性能状态概率相互独立，则通用生成函数可以由元件的通用生成函数经过组合算子递归运算得到：

$$\begin{aligned}
U_s(z) &= \otimes\{u_1(z), \cdots, u_M(z)\} \\
&= \otimes\{\sum_{i_1=1}^{k_1} p_{1,i_1} \cdot z^{g_{1,i_1}}, \cdots, \sum_{i_M=1}^{k_M} p_{M,i_M} \cdot z^{g_{M,i_M}}\} \\
&= \sum_{i_1=1}^{k_1} \cdots \sum_{i_M=1}^{k_M} (\prod_{j=1}^{M} p_{j,i_j} \cdot z^{\phi(g_{1,i_1}, \cdots, g_{M,i_M})}) \\
&= \sum_{i=1}^{K_s} p_{s,i} \cdot z^{g_{s,i}}
\end{aligned} \tag{2-35}$$

式中，$\phi(\cdot)$ 为装备系统结构函数算子，由系统结构及其组成单元的性能及概率组成。

若 $\phi(X_1, X_2, \cdots, X_m) = \phi(\phi(u_1(z), u_2(z), \cdots, u_{m-1}(z)), u_m(z))$，

则 $U(z) = \otimes(u_1(z), u_2(z), \cdots, u_m(z)) = \otimes(\otimes(u_1(z), u_2(z), \cdots, u_{m-1}(z)), u_m(z))$ （2-36）

若 $U_1(z) = u_1(z)$，则

$$U_1(z) = \otimes(u_{j-1}(z), u_j(z)) \tag{2-37}$$

若函数的运算符合结合律，即：

$\phi(X_1, \cdots, X_j, X_{j+1}, \cdots, X_m) = \phi(\phi(X_1, \cdots, X_j), \phi(X_{j+1}, \cdots, X_m))$，其中 $1 \leqslant j \leqslant m$

则对于任意正整数，复合算子也符合结合律：

$$\otimes(u_1(z), u_2(z), \cdots, u_m(z)) = \otimes(\otimes(u_1(z), \cdots, u_j(z)), \otimes(u_{j+1}(z), \cdots, u_m(z))) \tag{2-38}$$

如果函数的运算符合交换律，即

$$\phi(X_1,\cdots,X_j,X_{j+1},\cdots,X_m) = \phi(X_1,\cdots,X_{j+1},X_j,\cdots,X_m) \qquad (2\text{-}39)$$

则对于任意正整数，复合算子也符合交换律：

$$\otimes(u_1(z),\cdots,u_j(z),u_{j+1}(z),\cdots,u_m(z)) = \otimes(u_1(z),\cdots,u_{j+1}(z),u_j(z),\cdots,u_m(z)) \qquad (2\text{-}40)$$

如果函数具有如下递归形式：

$$\phi(\phi_1(X_1,\cdots,X_j),\phi_2(X_{j+1},\cdots,X_h),\cdots,\phi_n(X_l,\cdots,X_m)) \qquad (2\text{-}41)$$

则该函数所对应的通用生成函数为：

$$\otimes(\otimes_{\phi_1}(X_1,\cdots,X_j),\otimes_{\phi_2}(X_{j+1},\cdots,X_h),\cdots,\otimes_{\phi_n}(X_l,\cdots,X_m)) \qquad (2\text{-}42)$$

尽管通用生成函数（UGF）与多项式在形式上有相似之处，但其本质与多项式还是有着诸多不同，通用生成函数的指数可表示为包含实际意义的任意数学符号，并非必须为数值，另外通用生成函数在运算中需考虑系统结构函数，而多项式直接进行数学运算即可。但在通用生产函数中若其指数幂级是相同的，则可合并同类项，这与多项式的重要特性一致。举例说明，石油液化气运输装备系统中，假设某装备是由两元件以串联方式组成，此类系统的结构函数有如下形式：

$$\phi(G_1(t),G_2(t)) = \min\{G_1(t),G_2(t)\} \qquad (2\text{-}43)$$

若装备系统由两个元件以并联方式组成，其结构函数可表示为：

$$\phi(G_1(t),G_2(t)) = G_1(t)+G_2(t) \qquad (2\text{-}44)$$

由上述可知，装备系统性能状态可由通用生成函数得到，其利用元件状态概率与系统结构函数相结合的方法，借助通用生成函数运算规则，最终得到装备系统的性能水平及状态概率，通用生成函数可有效降低状态维数空间数量，大幅提升装备系统模型寻优效率。因此本书在复杂装备维修决策过程，将其应用于多状态复杂装备任务可靠性问题的分析中。

2.1.5　直觉模糊集

模糊集概念由 Zadeh（1965）首次提出，其核心思想是把取值为 1 或 0 的特征函数扩展到可在单位闭区间 [0,1] 任意取值的隶属函数。Atanassov（1978）对模糊集进一步扩展，提出直觉模糊集概念，将模糊集拓展到同时考虑隶属度、非隶属度和犹豫度的情形。接下来介绍直觉模糊集概念内涵。

定义 2.1　设 X 为一集合且 $X \neq \{\phi\}$，若 $\mu(x):X \to [0,1]$ 和 $v(x):X \to [0,1]$ 分别为 X 中元素 x 属于 A 的隶属度和非隶属度，则称 $A = \left\{\left\langle x, \mu(x), v(x)\right| x \in X \right\}$ 为直觉模糊集（ IFS ），且满足条件：$0 \leqslant \mu(x) + v(x) \leqslant 1$，$\pi(x) = 1 - \mu(x) - v(x)$ 表示 X 中元素 x 属于 A 的犹豫度或不确定度，也称其为集合 X 中元素 x 属于 A 的直觉指标。

为计算的方便性，定义 $\alpha = (\mu_\alpha, v_\alpha)$ 为直觉模糊数，其中 $\mu_\alpha \in [0,1]$，$v_\alpha \in [0,1]$，$\mu_\alpha + v_\alpha \leqslant 1$。设 Θ 为全体直觉模糊数的集合，$\alpha^+ = (1,0)$ 为直觉模糊数中最大值，$\alpha^- = (0,1)$ 为直觉模糊数的最小值。

Atanassov 和 De（1981）介绍了直觉模糊集一些基本的运算规则：

定义 2.2　设 X 为一集合且 $X \neq \{\phi\}$，$A = \{\langle x, \mu_A(x), v_A(x)| x \in X\}$，$A_1 = \{\langle x, \mu_{A_1}(x), v_{A_1}(x)\rangle| x \in X\}$ 和 $A_2 = \{\langle x, \mu_{A_2}(x), v_{A_2}(x)\rangle| x \in X\}$ 为直觉模糊集，则

1）$\overline{A} = \{\langle x, v_A(x), \mu_A(x)\rangle| x \in X\}$；

2）$A_1 \cap A_2 = \{\langle x, \min\{\mu_{A_1}(x), \mu_{A_2}(x)\}, \max\{v_{A_1}(x), v_{A_2}(x)\}\rangle| x \in X\}$；

3）$A_1 \cup A_2 = \{\langle x, \max\{\mu_{A_1}(x), \mu_{A_2}(x)\}, \min\{v_{A_1}(x), v_{A_2}(x)\}\rangle| x \in X\}$；

4）$A_1 + A_2 = \{\langle x, \mu_{A_1}(x) + \mu_{A_2}(x) - \mu_{A_1}(x)\mu_{A_2}(x), v_{A_1}(x)v_{A_2}(x)\rangle| x \in X\}$；

5）$A_1 \cdot A_2 = \{\langle x, \mu_{A_1}(x)\mu_{A_2}(x), v_{A_1}(x) + v_{A_2}(x) - v_{A_1}(x)v_{A_2}(x)\rangle| x \in X\}$；

6）$nA = \{x, 1 - (1 - \mu_A(x))^n, (v_A(x))^n| x \in X\}$；

7）$A^n = \{\langle x, (\mu_A(x))^n, 1 - (1 - v_A(x))^n\rangle| x \in X\}$，

其中 n 为正整数。

直觉模糊数运算规则为：

定义 2.3　$\alpha = (\mu_\alpha, v_\alpha)$，$\alpha_1 = (\mu_{\alpha_1}, v_{\alpha_1})$，$\alpha_2 = (\mu_{\alpha_2}, v_{\alpha_2})$ 为直觉模糊数，则：

1）$\overline{\alpha} = (v_\alpha, \mu_\alpha)$；

2）$\alpha_1 \bigcap \alpha_2 = (\min\{\mu_{\alpha_1}, \mu_{\alpha_2}\}, \max\{\nu_{\alpha_1}, \nu_{\alpha_2}\})$；

3）$\alpha_1 \bigcup \alpha_2 = (\max\{\mu_{\alpha_1}, \mu_{\alpha_2}\}, \min\{\nu_{\alpha_1}, \nu_{\alpha_2}\})$；

4）$\alpha_1 \oplus \alpha_2 = (\mu_{\alpha_1} + \mu_{\alpha_2} - \mu_{\alpha_1}\mu_{\alpha_2}, \nu_{\alpha_1}\nu_{\alpha_2})$；

5）$\alpha_1 \otimes \alpha_2 = (\mu_{\alpha_1}\mu_{\alpha_2}, \nu_{\alpha_1} + \nu_{\alpha_2} - \nu_{\alpha_1}\nu_{\alpha_2})$；

6）$\lambda\alpha = (1-(1-\mu_\alpha)^\lambda, \nu_\alpha^\lambda)$，$\lambda > 0$；

7）$\alpha^\lambda = (\mu_\alpha^\lambda, 1-(1-\nu_\alpha)^\lambda)$，$\lambda > 0$

复杂装备运行可靠性是装装备对服役阶段内加工任务、运行时间、外部环境等的一种综合反馈或相应。本节首先介绍了装备系统运行过程中的多状态理论，阐述了多状态基本概念及一般性模型。也对通用生产函数、重要度理论、Markov过程、直觉模糊集进行基本的概述。为复杂装备的可靠性分析及维修决策的制定提供理论支撑。

2.2　复杂装备运行可靠性分析特征

复杂装备固有可靠性是与装备设计、加工及装配密切相关的，且在服役阶段的运行过程中得以体现，如无故障工作时间、加工元件质量等。但并不是所有经过优良设计、加工及装配而成的复杂装备都能够完全实现其固有可靠性。在运行过程中，复杂装备面临着诸如作业环境、操作条件等种种不确定性，使得复杂装备的可靠性不断退化，因此需要合理的维护措施以保障复杂装备运行的可靠。复杂装备运行可靠性分析对于提升复杂装备服役阶段的经济性与稳定性具有重要的理论与现实意义。与一般的产品或系统不同，复杂装备运行可靠性分析具有以下几个突出的特征：

复杂装备是将机械、光电、液压、控制等集合为一体的动态复杂系统。在此类系统运行过程中既有能量流、信息流，也有物质流与载荷流；既含有连续过程，也有离散过程。因此在对复杂装备运行可靠性进行分析时必须考虑其复杂性、动态性及不确定性，仅将单个设备单元作为研究对象或沿用传统的可靠性分析方法对复杂装备的可靠性分析是有缺陷的。

复杂装备是一类多功能系统，由不同功能设备单元组成，在装备运行过程中可以完成不同类型的任务，且不同任务对复杂装备有着各异的可靠性需求。复杂装备在运行过程，根据决策人员的操作安排，对应加工任务繁重的设备单元就需要具有较高的可靠性。加工任务安排较少的设备单元属于辅助功能出现概率较低，与加工任务繁重功能设备单元相比其任务可靠性会低一些。

复杂装备是一类可承受多种应力载荷、不同运行环境及维护策略的复杂系统。装备在运行过程中可以执行各种任务，由于加工任务的不断变化，使得服役阶段的复杂装备面对着不尽相同的应力载荷、加工环境等，由此造成复杂装备的失效率是随着不同任务执行而发生改变的，而这对复杂装备的运行可靠性具有直接的影响。例如，加工单元的数控转台可能承受不同重量的待加工工件，而重载加工任务对数控转台可靠性的影响就比轻载情况下大得多，即发生故障的概率大得多。因此对复杂装备运行可靠性分析时，需充分考虑任务特质、外部环境对装备故障发生概率的影响。

复杂装备也是一类多状态系统。无论是任务需求产生的主动多状态，如切削装备主轴的转速，还是在运行过程中产生的被动多状态，如冲击损伤导致性能的退化。一旦设备进入服役阶段，复杂装备在设计、制造及装配形成的固有可靠性面对着多变的任务类型、动态不确定的生产环境、操作水平各异的技术人员，其状态及可靠性呈现一种不可逆转退化过程，具体表现为复杂装备及其设备单元逐渐从完好状态向发生故障方向降低，最终导致复杂装备整体性能的完全丧失，不能完成加工任务。因此有必要在复杂装备运行可靠性分析中充分考虑其性能状态水平。

复杂装备是一种具有并行、异步、事件驱动、死锁等明显特征的离散事件动态系统，运行过程中装备内部各组成单元在随时间发生的不同步事件之间具有极其错综复杂的关系，这会导致复杂装备在服役阶段经常面对各种突发的异常情况，这些异常情况是复杂装备运行故障或错误传播的产物，可导致装备功能及状态的严重损失，由于设备单元故障之间的错综复杂关系，使得复杂装备及设备单元故障的发生具有关联性及耦合性。例如，由于电气干扰可能会使控制程序改变，从而使执行部件出现不期望的动作。再如，由于位置检测系统出现故障导致加工单元位置定位不准确，就会发生部件之间的"撞机"事件。因此，故障发生的过程分析以及确定多故障之间的关联性与耦合性是复杂装备运行可靠性分析中的关键环节。

复杂装备运行可靠性与外部环境、各类操作人员、保障机制密切相关，这些外部因素对装备运行可靠性有不同程度的影响。如由于操作者的责任心不强而出现操作失误；工艺设计不合理也会加重功能设备单元的工作负担，加速其性能的退化；维护人员对设备维修策略的制订不合理、维修人员水平低下以及装备制造企业可靠性管理机制的不健全等同样会对复杂装备运行可靠性产生影响。这些外部因素在复杂装备运行可靠性分析中不能忽视。

复杂装备具有技术含量高、知识密集、跨学科、资本投入高、附加值大等特征，其发展水平决定着产业整体实力，研发难度高、工艺复杂，需要大量的时间、资本的投入，能够对产业链上下游企业产生技术扩散，进而带动整个装备制造业技术创新，提升企业核心竞争力。复杂装备的研发制造、维护有利于企业加强自主创新、转型升级、节能降耗，同时作为战略新兴产业重点发展和培育的复杂装备产业是实现国民经济升级发展的必然选择。

2.3 复杂装备运行过程中的故障分析

2.3.1 复杂装备故障概述

从故障内涵可知装备及设备单元中至少一个可观测或可计算的参数变量、质量特性偏离了规定范围。若装备故障按照是否随机发生可分成随机故障和劣化故障。对于在运行过程中呈现多性能状态的复杂装备而言，其故障是指其实际性能状态与任务需求的性能状态之间的差异。由于复杂装备整体性能状态的退化导致输出终端可执行部件动作异常变化，使得任务对象的精度与规定要求不符，最终造成复杂装备运行可靠性的降低。

复杂装备运行可靠性与其系统故障密切相关，同时复杂装备故障是一种系统级广义故障，即复杂装备所有子系统的性能指标与规定最优目标值的差异，这种系统级故障既包含所有的功能性故障，也包含所有的参数性故障，且系统故障的基本形成根源是设备单元的具体故障，也就是由故障机制、故障现象、故障原因三要素共同决定的具体故障。若根据复杂装备及其组成单元的物理特性，其具体故障可以分为机械故障、电子故障、液压故障等；如果按照故障现象，可以分为振动故障、松脱故障、发热故障、变形故障、火花故障、断裂故障等；如果按照故障原因，其具体故障可以分为劣化故障、存储不良故障、润滑不当故障、操作不当故障、过滤不良故障、杂物混入故障等。由于复杂装备的结构特点，使得装备的运行过程也相对复杂，这也增加了对复杂装备具体故障分析的困难，因此在对复杂装备运行可靠性分析与评估，采用广义可靠性进行装备性能状态水平的界定，在复杂装备及设备单元性能状态退化机理方面，依然采用具体故障的演化及传递过程进行分析。

在对复杂装备故障分类的基础上，还需对复杂装备关键故障特征识别，对于复杂装备而言，由于其具有结构复杂、工程技术含量高、零部件集成度高的特点，若将其逐级分解，直至到每一个零部件、每一个工艺步骤的故障特征时，整个复杂装备的故障特征识别将成为一个包含关键信息、冗余信息以及相关信息的高维数据集，然而，监控全部故障特征既不经济也不现实。识别出复杂装备的关键故障特征加以监控，进而对其进行质量分析和改进具有重要意义。因此，构建关键故障特征模型，有利于降低复杂装备结构维度及减少诊断监控成本，为梳理复杂装备故障特征之间关联关系建立基础。

复杂装备结构复杂，耦合度高，识别出复杂装备关键故障之后，还需辨析梳理故障特征之间的关联关系，明确关键故障特征对整体复杂装备系统故障的影响，分析故障特征信息的传播过程。同时，由于复杂装备系统的数据输入及输出是有多个属性的，需合理解决内部故障特征多重相关性问题。因此，有必要构建复杂装备故障特征关系及信息传递模型。

复杂装备管理与维护的维修策略一般是指装备维修方式的选择，通过不同的维修方式的选择来实现维修工作，而在对维修方式决策的同时也要对维修的时机即维修周期进行决策。传统的设备维修模式主张故障后维修或者对可能的所有故障都采取预防维修，并未考虑到设备的实际运行状况以及维修的经济性。在复杂装备故障预测研究的基础上，建立复杂装备维修决策模型，分别考虑以系统可靠性的维修决策、以系统风险性的维修决策，以维修成本的复杂维修决策方法，基于对设备技术状况变化规律的认知程度和维修工作所起的作用或者效果，综合考虑设备自身特性和故障模式选择适用的维修方式。

2.3.2　复杂装备运行过程故障特点

由于复杂装备本身的结构复杂性及运行过程中的不确定性，造成了复杂装备具体故障的类型繁多、原因复杂、分布广泛。对这些装备故障进行分析，其主要特征如下：

复杂装备运行过程中的故障具有层次性，这是由复杂装备自身结构所决定的，其本身具有复杂的模块化层次结构。按照自下而上的方法，整体装备可以分为元件级、设备单元级、功能模块级、系统级。复杂装备组成结构的层次性决定了复杂装备故障影响传递的层次性。因此对于复杂装备中的具体故障，其一级故障源是其组成设备单元，且故障原因为该设备单元当前的故障，其二、三级故障源分别是引起该设备单元故障的各功能模块及零部件，而且故障原因为这些功能模块及零部件的故障。

复杂装备故障来源具有隐蔽性。由于复杂装备自身结构特点，其最低层次结构的元件数量众多，某一故障结果的发生，可能是由多个故障源共同决定的，这些故障源是由不同的元件失效引起的，这给故障源的分析带来一定的困难。另外，在复杂装备中元件共因失效、高度关联的情况十分突出，这使得不同的故障源可能导致相同的故障结果，同一个故障源也会导致不同故障结果的发生。因此，对于同一个故障现象确定是由哪些故障源造成的具有一定的难度。

复杂装备中故障的发生具有并发性。复杂装备是由多个功能单元构成，这些功能单元可以完成不同类型的任务，即装备组成单元具有一定的独立工作能力，使得复杂装备的功能单元能得到充分利用，提高了复杂装备的工作效率。不同功能单元的故障之间存在一定程度的独立性，这会导致在复杂装备运行过程中，可能出现不同功能单元都发生故障，这就导致故障的并发性。复杂装备服役阶段中故障的并发性给装备运行可靠性分析增添了难度和复杂度。

复杂装备故障的发生具有相继性特点。任何装备都具有寿命周期，装备按照事先的工作指令完成相应的加工任务，这些指令具有时序性，所以复杂装备也是一种按时序工作的动态复杂系统。其信息流与载荷流遵循一定的时间顺序，在装备运行过程中，故障信息或错误指令也在时间链上流动，故障的发生往往会导致下一时刻某个动作失误或设备单元故障的出现。这类故障的发生可以按照时间顺序划分，并依次传递，形成了故障链，即故障发生的相继性。在复杂装备故障分析中，特别是在系统层面的故障分析中，可以利用装备故障的相继性进行基本故障事件的搜索。

复杂装备运行过程故障影响传递速度快。由于装备结构的紧密性，工作环境的复杂性，复杂装备一旦发生故障，故障信息在设备单元之间的传播速度非常快。这将使得决策人员对装备故障不能及时地做出诊断和反应，而故障所造成的影响已经在大范围内传播。如核电系统的泄漏事故、航天飞机的爆炸事故，其发生原因往往是由小故障引起的，却给国家、企业带来巨大的经济损失或灾难。因此需要对复杂装备故障影响做出及时的预判，避免造成不可挽回的后果。

针对复杂装备运行过程中的故障特点，需要准确的聚焦装备关键子系统或者关键元件上，从故障的因果关系、动态演化、影响传递等角度进行定量或定性的分析。因此本书结合复杂装备结构特点，从设备单元失效动态演化角度分析元件之间的关系强度，引入相关理论知识分析复杂装备故障演化与传递机理，实现对复杂装备关键子系统及零部件的识别。

2.3.3 复杂装备故障中的不确定性效应

复杂装备在运行过程中，不可避免地受到系统内部及外部的冲击，这些冲击有大有小，有确定的也有不确定的。由于缺乏充分的实验数据，决策人员对复杂装备的认识存在大量的不确定性，复杂装备的安全性、可靠性和性能评估面临挑战，装备是否满足性能指标缺乏充分的验证。由于不确定性的表现形式也具有多样性，如何准确描述并处理这些不确定性已成为客观存在的难题。因此不确定性量化是复杂装备可靠性分析中一项重要的支撑技术。

不确定性描述方面，在复杂装备运行可靠性分析与评估中针对不确定性因素刻画的方法大致有随机概率理论、证据理论及可能性理论等。复杂装备在运行过程中存在各种不确定性因素，例如加工制造误差、材料属性的分散性以及随机载荷等，这些不确定性因素根据数据信息的掌握情况可以分为随机不确定性与认知不确定性。随机不确定性来源于复杂装备内部的固有随机性，可以根据重复性随机实验来刻画，被认为是一种难以完全消除的不确定性；认知不确定性则是来源于数据缺乏或知识缺乏，如语言描述的不准确、建模信息不足、早期设计信息不完整、算法不精确等，可以随着认识的不断深入而逐渐减少。

在探索复杂装备故障形成及演化规律中，通常采用概率论与数理统计方法处理复杂装备运行过程故障中的随机不确定性。在实际过程中，由于装备材料内在构成复杂性及决策人员对相关知识的缺乏，在高温下材料的装备故障机理难以掌握，因此故障的临界点往往难以准确地预测。有的复杂装备如航天器、核工程等这类系统，不可能进行大量的实验，子样数非常有限，无法用统计的方法得出一些规律性的信息。复杂装备所表现出来的特性经常会受到工作环境、气候、操作人员等因素的影响，因此通过实验或测试所得到的数据往往和真实情况有一定的差距。对于全新研制的复杂装备，由于没有使用的先例，统计信息往往无从获取，这些情况被认为属于认知不确定性的范畴，需要采用认知不确定性度量工具进行刻画描述，对于认知不确定性的度量，应用较多的数学工具包括模糊与可能性理论、证据理论、区间分析等。我们充分考虑两种不确定性对复杂装备运行可靠性的影响，并运用不同方法进行了问题的研究。

2.4 复杂装备运行过程维修分析

由于复杂装备涉及多学科领域知识，具有结构复杂、技术先进的特点，其装备维护是保证运行可靠性、稳定性的一个重要环节，在复杂装备全寿命周期内都扮演非常重要的角色。合理的装备维护策略对于提高复杂装备综合利用效率、装备稳定运行、减少装备维护费用等具有十分重要的意义。复杂装备是一类昂贵的复杂系统，其维护环节比一般的设备更为复杂，决策人员会制定一个详细的、存在不同维修方式的维护计划，特别是装备关键子系统及关键零部件，该环节需要进行重点维护，通常采取更换的维修方式。在对复杂装备进行维护时需充分了解装备的内部结构、外部工作环境等影响维护效果的因素，并做出合理有效的维护计划。

2.4.1 复杂装备运行条件

只有处于一定的运行条件下，复杂装备才能发挥出优异的规定功能，同时越是精密复杂的装备对于运行环境的要求愈加苛刻。复杂装备运行条件主要包括装备所处的客观自然环境、装备的运行状况、装备自身状态等。维护人员在复杂装备服役阶段，依据其阶段任务重要性，分析装备运行状态和装备维护性并制定复杂装备维护策略，以保证复杂装备的良好运行。这不仅可以使得装备性能得到完全体现，也能延长复杂装备寿命周期、降低维护费用。复杂装备在运行过程中以不同的方式运行，主要有持续、间断和应急等。复杂装备的可维护性有强、中、弱之分，装备维修策略有预期维修、事后维修、状态维修等。复杂装备面对的自然环境可以按气候、地形、气象划分，气象又可以分为温度、湿度、风力、气压、光照、尘埃等。因此对复杂装备运行可靠性的分析，也需充分考虑复杂装备的运行条件。

2.4.2　复杂装备运行过程维护特征

由于复杂装备结构，在开展设备维护活动时，需要采取多种维修方式共同进行维护，如按照故障时间可分为事后维修、计划维修、预防维修等，如按照维修效果分为非完好维修、更换维修、最小维修等。复杂装备在维护过程中存在以下典型特征（见图 2-2）。

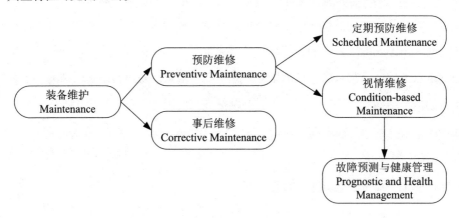

图2-2　装备维修方式的分类

（1）复杂装备运行过程中多种维修方式共存

由于复杂装备对可靠性、无故障运行时间、任务持续时间等要求较高，理想状态是采取预防维修保持装备良好状态，并及时消除一切潜在故障，预防维修主要包括定期预防维修、视情维修。但由于客观存在的复杂装备状态劣化规律，装备性能呈现不可逆转的退化过程，直至装备发生故障。在此退化过程中，仅凭预防维修无法解决由突发冲击损伤造成的设备故障。因此在复杂装备维修实践中必然包含多种维修方式以满足设备维护需求，最终消除装备故障并保证复杂装备运行的可靠性、稳定性。

（2）复杂装备运行过程中设备单元存在维修异质性

为提高装备的可靠性和可用度，并减少装备费用的支出，需充分重视复杂装备及组成单元的个体差异化问题。与一般设备相比，由于复杂装备组成结构种类繁多且涉及多学科领域知识，设备单元异质性特征明显，忽视装备及组成单元的个体差异，会导致盲目维修、维修不足或维修过剩，若维修不当则可能导致损失设备。为保证装备运行可靠性需充分了解装备结构特点及相关的知识信息。

（3）复杂装备维护过程中的多失效状态特征

一般情况下，复杂装备存在多个性能状态，即多状态元件多状态系统。因此维修人员需依据设备的运行状态采取维修措施。一些复杂装备存在多个失效状态，如某设备单元只具有完好状态 60% 的性能水平，若任务性能需求水平为不低于 50%，则该设备单元可成功完成阶段任务，其中低于 50% 的装备性能状态属于失效状态，若任务性能需求水平为不低于 80%，则设备不能完成任务，其中低于 80% 的装备性能状态属于失效状态。因此有必要确定复杂装备运行过程中的临界失效状态。对于复杂装备关键环节，确定元件失效状态，再采取维护措施，既可避免维修资源的浪费，也可以减少停机损失。

复杂装备运行过程中维修资源约束问题。复杂装备因新材料、新技术、新工艺等特点，往往造价不菲。其维修成本也十分昂贵，企业也不会有很多的备件库存。因此在装备维护过程中，维修费用的约束成为保证装备运行可靠性的重要影响因素之一。另外，由于复杂装备承担任务的特殊性、重要性，装备需要长时间运行，一旦停机会带来严重损失，这给维修人员在面对维修时间约束下的维护工作提出了更高的要求。若维修人员对新技术的掌握程度不够熟练，操作不当也会给装备运行带来麻烦。因此有必要研究如何合理分配有限维修资源，并使得复杂装备满足任务性能需求。

2.5　复杂装备运行可靠性分析框架

复杂装备运行可靠性可视为装备本身对工作环境、任务载荷的一种反馈或响应，这种反馈的主要表现形式为装备性能状态的退化。采取合理有效的维修决策可使得复杂装备性能得到不同程度的恢复（完好状态、非完好状态）。因此复杂装备可靠、稳定的运行是由装备运行可靠性及装备维护决策两个方面共同决定的，这两者共同构建了支撑复杂装备运行可靠性分析的框架体系。复杂装备运行可靠性分析过程就是在所建框架体系中探究元件多状态失效过程、多状态演变规律、动态不确定性的描述及多态性形成结果的过程。本书将多状态可靠性理论、GERT 网络理论、证据理论、综合重要度理论引入对复杂装备运行可靠性分析中，通过对装备性能状态退化的分析，对装备的运行进行决策，同时重点考虑不同维修方式对复杂装备运行过程任务可靠性的影响，最终制定科学合理的装备维护决策。在相关关键技术及数据信息的支撑下建立统一的复杂装备运行可靠性分析技术框架，以保证复杂装备可靠、稳定的运行。复杂装备运行可靠性研究框架如图2-3 所示，这为复杂装备运行可靠性的提升提供了理论与技术支撑。

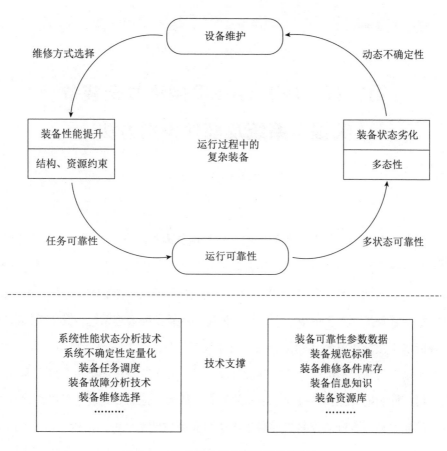

图2-3 复杂装备运行可靠性分析框架

2.6 小结

本章首先介绍了复杂装备运行可靠性特征，给出了复杂装备运行过程中多状态理论，也对复杂装备运行过程中故障内涵和特点进行了概述，并详细分析了复杂装备运行过程中动态不确定性的效应，详细阐述了复杂装备维护特征。在此基础上构建了基于运行可靠性和装备维护为核心的复杂装备运行可靠性分析框架，为复杂装备可靠性分析及维护决策的制定奠定了理论基础。

第三章　基于 GERT 网络复杂装备关键子系统及部件识别方法

　　根据约束理论，复杂装备的性能状态是由其内部关键子系统功能所决定的，装备整体绩效受其内部短板的实际表现所限制。因此提升复杂装备整体性能的最有效途径是找出系统的关键功能节点，并采取相应控制措施对其进行改善和提升。复杂装备是一类多层级、多结构、传递关系繁杂的大型系统，其中关键节点的性能水平决定了其整体功能，由于复杂装备不同子系统的性能度量差异较大，不同子系统的判定标准往往不能直接比较；另外复杂装备内部结构众多，形成复杂网络，性能损失在传递过程中不断的积累、放大，进而影响装备最终的状态水平。因此本章在合理测度复杂装备子系统多元可靠性基础上，构建子系统 GERT（graphic evaluation and review technique）网络模型；设计相关算法和诊断复杂装备系统内部的可靠性波动传递过程，识别复杂装备系统关键子系统及部件，为复杂装备可靠性分析提供新的研究思路和方法。

3.1　问题描述

　　目前制造企业采用的装备系统多是由不同功能单元与计算机控制系统等组成的，能够迅速适应加工任务的变化，具有高度柔性的特点。由于受到多样化制造任务、复杂的内部退化机理、动态不确定的广义制造环境的影响，现有对复杂装备薄弱环节的分析和评估方法较为简单，不能很好地描述装备子系统及部件对装备整体性能的作用关系。此外，多设备单元组成的复杂装备中，系统组件之间相互影响，导致装备运行过程中风险的累积与传递，增加了复杂装备可靠性分析和维修管理的难度。因此，研究组件之间的相互作用关系及对装备系统整体的影响，有助于识别装备的薄弱环节，能够针对性地给出改进策略和管理方法，进而提升装备的可靠性水平。由于受组件自身材质、运行时间、使用方式、外部环境等因素的影响，复杂装备及子系统的可靠性是时变的，然而大多数文献研究是基于静态特定的分布假设条件下展开的，此类方法并不能较好地描述装备可靠性的动态变化特征；另外，组件之间及组件与装备之间的性能关系十分复杂，精确描述这种相互关系是相当困难的，多是假设元件相互独立，得到的结果与真实值有一定差距，由此提出的管理策略不能有很好的效果。

GERT 方法是一种求解随机网络模型的方法，通过逻辑节点和枝线把复杂装备转化为结构简单的随机网络模型，不仅给出系统的随机网络图，而且不需要用递推的形式分析给定的复杂系统。GERT 方法与关键路线法（Critical Path Method，CPM）和计划评审技术（Program Evaluation and Review Technique，PERT）相比，应用范围更为广泛。GERT 在存储分析、油井钻探、工业合同谈判、人口动态、维修和可靠性研究、车辆运输网络等方面得到广泛的应用。GERT 方法由 Pritsker（1996）首先提出。Agarwal 等（2007）采用 GERT 方法进行系统可靠性的计算。李成川等（2012）针对再制造工艺路线中的不确定性问题，构建了基于 GERT 的再制造路线模型，分析了其中的不确定性因素，并通过软件验证了方法的有效性。杨红旗等（2015）基于系统论思想，以某飞机研制项目为例，构建了复杂装备研制项目的 GERT 网络模型，对项目期望完成时间进行了规划研究。刘远（2011）针对"主制造商 - 供应商"合作形式下的供应链质量管理问题，构建了一种新型 GERT 网络，并通过算例验证了方法的有效性。杨保华等（2010）针对随机网络中参数所含不确定信息问题，构建了一类 U-GERT 模型，分析了所建模型的重要性质及特征，并通过算例验证方法的正确可行。刘家树等（2012）针对企业技术创新中的不确定风险度量问题，量化影响技术创新的指标参数，构建 GERT 网络模型，为企业降低技术创新不确定性提供管理决策。方志耕等（2009）将贝叶斯理论和 GERT 网络相结合，构建基于 Bayes 理论的灾害演化的 GERT 网络模型，实现了灾害演变的预测，验证了 GERT 模型在灾害的预警、演变过程中的有效性和应用性。

考虑到复杂装备可靠性的动态特性、其组成单元可靠性的随机性及元件之间的相互关系，本书采用 GERT 网络理论分析和描述复杂装备系统的可靠性。本章首先建立复杂装备子系统多元可靠性函数，测算复杂装备多元可靠性，构建基于可靠性流动的 GERT 网络模型，并设计有效算法，通过探测和诊断复杂装备内部性能波动传递过程，识别出关键薄弱瓶颈，为复杂装备可靠性管理提供科学依据与理论支撑。

3.2 复杂装备GERT网络可靠性模型构建

3.2.1 复杂装备广义可靠性概念

可靠性是一种具有时间属性的装备质量指标，是由设计、制造、使用、维修等多方面因素共同决定的。随着装备运行时间的累积，装备可靠性逐渐降低直至失效。本书基于此理论，构建复杂装备广义可靠性模型。由于复杂装备的种类繁多，存在多种结构特征，复杂装备广义可靠性定义如下：

定义 3.1 复杂装备系统广义可靠性是指其所有子系统的性能指标完成规定最优目标值的综合能力，因此，子系统部件需保证其性能表现尽可能接近规定的理想目标值，使得装备可靠性最大化。

若系统元件的失效率为 $\lambda(t)$，元件的失效概率密度函数为 $f(t)$，元件寿命分布函数为 $F(t)$，则可得：

$$\lambda(t) = \frac{f(t)}{1 - F(t)} \qquad\qquad\qquad (3\text{-}1)$$

由 $f(t) = \frac{\mathrm{d}F(t)}{\mathrm{d}t}$ 得：$\lambda(t) = \frac{\frac{\mathrm{d}F(t)}{\mathrm{d}t}}{1 - F(t)} = -\frac{\mathrm{d}}{\mathrm{d}t}[\ln(1 - F(t))]$

两边积分：$F(t) = 1 - \exp(-\int_0^t \lambda(t)\mathrm{d}t)$ 则：

$$f(t) = \frac{\mathrm{d}F(t)}{\mathrm{d}t} = \lambda(t) \cdot \exp(-\int_0^t \lambda(t)\mathrm{d}t) \qquad\qquad (3\text{-}2)$$

进一步推导元件的可靠度 $R(t)$：

$$R(t) = 1 - F(t) = 1 - \int_0^t f(t)\mathrm{d}t \qquad\qquad (3\text{-}3)$$

$$\lambda(t) = -\frac{\mathrm{d}\ln(R(t))}{\mathrm{d}t} = \frac{R'(t)}{R(t)} \qquad\qquad (3\text{-}4)$$

$$R(t) = \exp(-\int_0^t \lambda(t)\mathrm{d}t) \qquad\qquad (3\text{-}5)$$

系 统 元 件 的 寿 命 时 间 可 以 服 从 任 意 分 布，若 元 件 服 从 正 态 分 布，元 件 寿 命 密 度 函 数 为 $f(t) = \frac{1}{\sqrt{2\pi}\sigma}\exp(-\frac{(t - \mu)^2}{2\sigma^2})$，元 件 可 靠 性 为 $R(t) = \int_0^\infty \frac{1}{\sqrt{2\pi}\sigma}\exp(-\frac{(t - \mu)^2}{2\sigma^2})\mathrm{d}t$，元 件 失 效 率 为 $\lambda(t) = \exp(-\frac{(t - \mu)^2}{2\sigma^2}) \Big/ \int_0^\infty \exp(-\frac{(t - \mu)^2}{2\sigma^2})\mathrm{d}t$。

若元件寿命服从威布尔分布，对应的元件函数分别为：

$f(t) = \frac{\alpha}{\beta}t^{\alpha-1}\exp(-\frac{t^\alpha}{\beta})$、$\lambda(t) = \frac{\alpha}{\beta}t^{\alpha-1}$、$R(t) = \exp(-\frac{t^\alpha}{\beta})$

其中 α 为形状参数，β 为尺度参数。

3.2.2 构建基于可靠性的复杂装备GERT网络模型

为清晰地梳理元件可靠性损失在复杂装备系统内部网络之间的传递关系，复杂装备的 GERT 网络为：

定义 3.2 复杂装备 GERT 网络可靠性模型由节点、箭线、元件之间可靠性关系三部分组成，节点为网络中零部件，箭线表示由零部件之间关系的传递活动，流表示网络中部件节点可靠性定量化的相关关系。部件间可靠性损失流结构如图3-1所示。

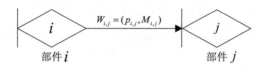

图3-1　部件可靠性损失流结构

$W_{i,j}$ 表示由部件 i 到部件 j 的可靠性损失，$p_{i,j}$ 表示元件之间可靠性箭线实现的概率，$M_{i,j}$ 表示可靠性传递的条件概率函数。复杂装备 GERT 网络定义如下。

定义 3.3　复杂装备 GERT 网络是依据装备子系统零部件组成结构及子系统之间关系，将划分的设备单元按照串联形式、并联形式及混联形式组成的装备系统网络，如图 3-2 所示。

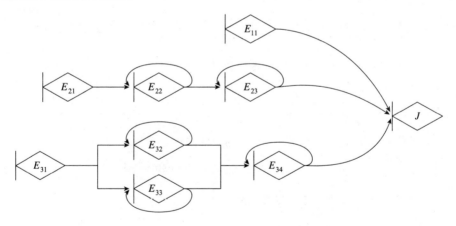

图3-2　复杂装备GERT网络结构

由于装备性能容易受到不确定性因素影响，如生产环境或人为条件等等，假设部件 i 的可靠性近似服从某种概率分布。在基于元件可靠性的复杂装备的 GERT 中，假设零部件 i 的失效过程 x 服从密度函数为 $f(x)$ 的概率分布，则可靠

性传递有向弧 (i,j) 的矩母函数为：

$$M_{i,j}(t) = \int_{-\infty}^{\infty} e^{tx} f(x) \mathrm{d} x \qquad (3\text{-}6)$$

在部件 i 到部件 j 的可靠性传递过程中，可能存在多个传递节点或多条传递路线。考虑传递有向弧 (i,j) 的综合可靠性，定义综合可靠性转移函数为：$W_{i,j}(t) = p_{i,j} \cdot M_{i,j}(t)$。

定理 3.1 在复杂装备 GERT 网络模型中，若综合可靠性转移函数为 $W_{i,j}(t)$，则从部件 i 到部件 j 的可靠性传递概率 $p_{i,j} = W_{i,j}(t)\big|_{t=0}$，且元件矩母函数为 $M_{i,j}(t) = W_{i,j}(t) / W_{i,j}(0)$。

证明：通过元件可靠性损失矩母函数特征，当 $t = 0$ 时，

$$W_{i,j}(0) = p_{i,j} \cdot \int_{-\infty}^{\infty} e^{tx} f(x) \mathrm{d} x\Big|_{t=0} = p_{i,j}$$

则 GERT 网络的综合传递概率为 $p_{i,j} = W_{i,j}(t)\big|_{t=0}$。

部件 i 到部件 j 的可靠性矩母函数为 $M_{i,j}(t) = W_{i,j}(t) / p_{i,j} = W_{i,j}(t) / W_{i,j}(0)$ 证毕。

根据 GERT 网络构架原理，确定元件可靠性随机变量的矩母函数 $M_{i,j}(t)$ 及网络节点之间的传递函数 $W_{i,j}(t)$。根据复杂装备的结构组成特点及元件之间可靠性的相互关系，得出 GERT 随机网络可靠性模型，依据元件失效率，计算得到 GERT 网络中节点之间的参数 $M_{i,j}(t)$ 和 $W_{i,j}(t)$，从而完成模型的构建。

3.3　复杂装备GERT网络可靠性模型基本特征

在复杂装备系统网络中，子系统内部组件及之间关系复杂多样。根据组部件内部逻辑关系，复杂装备系统 GRET 网络结构可划分为串联、并联、混联 3 种结构，各结构系统内部可靠性损失传递的方式方法有所差异，需具体分析。

3.3.1 串联结构的可靠性传递函数

串联结构的 GERT 网络模型是指子系统零部件之间的可靠性损失流箭线首尾相连的一种网络结构，具体网络结构如图 3-3 所示。

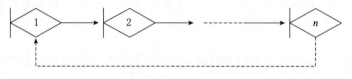

图3-3 装备系统串联结构GERT网络

定理 3.2 假设串联结构的 GERT 网络模型内部存在虚线连接部件 n 到部件 1 构成回路，从部件 i 到部件 j 的可靠性传递函数为 $W_{i,j}(t)$，则装备系统串联结构可靠性传递函数为网络结构内部所有元件的可靠性传递函数之积：

$$W_{1,n}(t) = \prod_{i=1}^{n} W_{i,i+1}(t)$$

证明：若用箭线表示部件 1 到部件 n 的可靠性损失流，则其可靠性传递函数为 $W_{1,n}(t)$。以元件 n 为可靠性损失传递函数的起始点，元件 1 为可靠性传递函数终止点，构建损失传递箭线，其可靠性传递函数为 $W_{n,1}(t)$。通过虚拟箭线，使串联结构 GERT 模型构成回路。由信号流图理论可知，存在部件 i 和部件 j，则 $W_{i,j} = 1/W_{j,i}$。依据梅森公式计算出 GERT 网络特征值为：

$$H = 1 - W_{1,2}(t) \cdot W_{2,3}(t) \cdot \cdots \cdot W_{n-1,n}(t) \cdot \frac{1}{W_{1,n}(t)} = 0$$

因此 $W_{1,n}(t) = \prod_{i=1}^{n} W_{i,j}(t)$ 证毕。

3.3.2 并联结构GERT模型可靠性传递函数

在并联结构 GERT 网络模型中，应至少包含两条独立的箭线，子系统由各零部件并联而成，假设部件 J 为虚拟最终节点，并设置虚拟箭线形成闭回路，具体网络结构如图 3-4 所示。

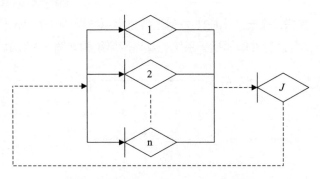

图3-4　装备系统并联结构GERT网络

定理 3.3　存在并联结构 GERT 模型，由 n 个零部件并联组成，并形成 n 条闭回路，其中第 k 条箭线的可靠性传递函数为 $W_{i,j}^k(t)$。则该 GERT 网络的可靠性传递函数为并联结构系统内部所有箭线传递函数之和，即：

$$W_{i,J}(t) = \sum_{k=1}^{n} W_{i,J}^k(t)$$

证明：封装并联 GERT 网络内部元件与虚拟元件 J 之间所有箭线形成闭回路，可用一条箭线进行代替，其可靠性传递函数为 $W_{J,i}(t)$，由虚拟箭线可知，该网络有 n 条闭回路。根据梅森公式求出网络特征值为：

$$H = 1 - W_{i,j}^1(t) \cdot W_{J,i}(t) - W_{i,j}^2(t) \cdot W_{J,i}(t) - \cdots - W_{i,j}^n(t) \cdot W_{J,i}(t)$$

$$= 1 - \sum_{k=1}^{n} W_{i,J}^k(t) \cdot \frac{1}{W_{i,J}(t)} = 0$$

$$W_{i,J}(t) = \sum_{k=1}^{n} W_{i,J}^k(t) \text{ 证毕。}$$

3.3.3　混联结构复杂装备GERT模型可靠性传递函数

混联结构复杂装备 GERT 模型可分两种代表性结构：串—并联装备系统结构、并—串联装备系统结构。是串或并联结构子系统的复杂化，也具有代表性，下面分析混联结构复杂装备 GERT 模型可靠性传递函数。

（1）并—串联复杂装备 GERT 模型是指先由 $l_i (i=1,\cdots,k)$ 个零部件串联，再将 k 个串联后的部件进行并联形成子系统。具体网络结构如图 3-5 所示。

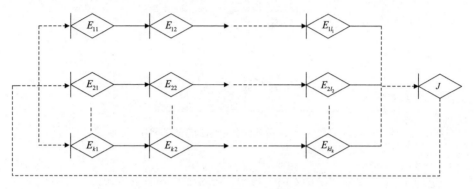

图3-5 装备系统并—串联GERT网络

定理 3.4 存在并—串联复杂装备 GERT 模型，设虚拟部件 J 为最终节点，形成 k 条闭回路，第 i 条的可靠性传递函数为 $\prod_{i=1}^{l_i} W_{i,i+1}(t)$，则该网络的广义可靠性传递函数为其内部所有箭线可靠性传递函数之和，即

$$W_{i,J}(t) = \sum_{i=1}^{k} \prod_{i=1}^{l_i} W_{i,i+1}^{k}(t)$$

证明：封装并—串联网络内部部件与虚拟部件 J 之间所有箭线形成闭回路，可用一条箭线进行代替，其可靠性传递函数为 $W_{i,J}(t)$，由虚拟箭线可知，该网络有 k 条闭回路。根据梅森公式求出网络特征值为：

$$H = 1 - \prod_{i=1}^{l_1} W_{i,i+1}^{1}(t) \cdot W_{J,i}(t) - \prod_{i=1}^{l_2} W_{i,i+1}^{2}(t) \cdot W_{J,i}(t) - \cdots - \prod_{i=1}^{l_k} W_{i,i+1}^{k}(t) \cdot W_{J,i}(t)$$

$$= 1 - \sum_{k=1}^{n} \prod_{i=1}^{l_i} W_{i,i+1}^{k}(t) \cdot \frac{1}{W_{i,J}(t)} = 0$$

$$W_{i,J}(t) = \sum_{i=1}^{k} \prod_{i=1}^{l_i} W_{i,i+1}^{k}(t) \text{ 证毕}$$

（2）串—并联复杂装备 GERT 模型是指先由 $l_i(i=1,\cdots,k)$ 个零部件并联，再将 k 个并联后的部件进行串联形成子系统。其结构示意图如 3-6 所示：

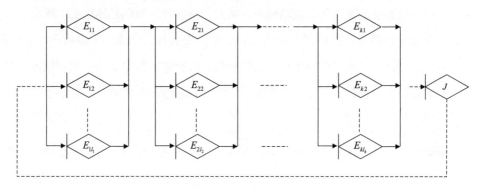

图3-6　串—并联GERT网络模型

定理 3.5　存在串—并联复杂装备 GERT 网络模型，设虚拟部件 J 为最终节点，形成 $l_1 \times l_2 \times \cdots \times l_k$ 条闭回路，则该网络的可靠性传递函数为其内部所有箭线可靠性传递函数之积，即

$$W_{i,J}(t)=\prod_{i=1}^{k}\sum_{i=1}^{l_i}W_{i,i+1}^{k}(t)$$

证明：封装串—并联网络内部部件与虚拟部件 J 之间所有箭线形成闭回路，可用一条箭线进行代替，其可靠性传递函数为 $W_{i,J}(t)$，由虚拟箭线可知，该网络有 $l_1 \times l_2 \times \cdots \times l_k$ 条闭回路。根据梅森公式求出网络特征值为：

$$H = 1 - \sum_{i=1}^{l_1}W_{i,i+1}^{1}(t)\cdot\sum_{i=1}^{l_2}W_{i,i+1}^{2}(t)\cdots\cdot\sum_{i=1}^{l_k}W_{i,i+1}^{k}(t)\cdot\frac{1}{W_{i,J}(t)} = 0$$

$$= 1 - \prod_{i=1}^{k}\sum_{i=1}^{l_i}W_{i,i+1}^{k}(t)\cdot\frac{1}{W_{i,J}(t)} = 0$$

$$W_{i,J}(t)=\prod_{i=1}^{k}\sum_{i=1}^{l_i}W_{i,i+1}^{k}(t)\quad 证毕$$

3.4　复杂装备可靠性GERT网络关键子系统及部件识别

在复杂装备系统内部组成结构中，研究装备元件对系统整体性能的影响，分析子系统对装备整体的作用重要性，有助于识别装备关键部件（薄弱环节），可以更有针对性地对此类部件进行可靠性分析，使得维护策略更加有效。因此，对复杂装备最终性能而言，需对子系统可靠性损失的均值和标准差加以关注。

定理3.6　在复杂装备子系统内部网络中，存在部件 i 到部件 j 的可靠性传递函数为 $W_{i,j}(t)$，概率分布密度函数 $f_{i,j}(x)$，则部件 i 到部件 j 的可靠性损失的期望 E 为：

$$E_{i,j}(x) = \frac{\partial}{\partial t}\left[\frac{W_{i,j}(t)}{W_{i,j}(0)}\right]\Big|_{t=0}$$

证明：由概率分布密度函数 $f_{i,j}(x)$，部件 i 到部件 j 的可靠性损失的期望 E 为：

$$E_{i,j}(x) = \int_{-\infty}^{+\infty} x f_{i,j}(x)\,\mathrm{d}x = \left[\int_{-\infty}^{+\infty} x e^{tx} f_{i,j}(x)\,\mathrm{d}x\right]\Big|_{t=0} = \frac{\partial}{\partial t}\left[\int_{-\infty}^{+\infty} e^{tx} f_{i,j}(x)\,\mathrm{d}x\right]\Big|_{t=0}$$

根据定理3.1 $M_{i,j}(t) = \dfrac{W_{i,j}(t)}{p_{i,j}} = \dfrac{W_{i,j}(t)}{W_{i,j}(0)}$ 可得

$$E_{i,j}(x) = \frac{\partial}{\partial t}\left[\frac{W_{i,j}(t)}{W_{i,j}(0)}\right]\Big|_{t=0} \text{ 证毕}$$

定理3.7　在复杂装备子系统内部网络中，存在部件 i 到部件 j 的可靠性传递函数为 $W_{i,j}(t)$，概率分布密度函数 $f_{i,j}(x)$，则部件 i 到部件 j 的可靠性损失的方差 σ^2 为：

$$\sigma_{i,j}^2(x) = \frac{\partial^2}{\partial t^2}\left[\frac{W_{i,j}(t)}{W_{i,j}(0)}\right]\Big|_{t=0} - \left\{\frac{\partial}{\partial t}\left[\frac{W_{i,j}(t)}{W_{i,j}(0)}\right]\Big|_{t=0}\right\}^2$$

证明：复杂装备子系统可靠性损失 x 二阶矩为：

$$E_{i,j}(x^2) = \int_{-\infty}^{+\infty} x^2 f_{i,j}(x)\,\mathrm{d}x = \left[\int_{-\infty}^{+\infty} x^2 e^{tx} f_{i,j}(x)\,\mathrm{d}x\right]\Big|_{t=0}$$

$$= \frac{\partial^2}{\partial t^2}\left[\int_{-\infty}^{+\infty} e^{tx} f_{i,j}(x)\,\mathrm{d}x\right]\Big|_{t=0} = \frac{\partial^2}{\partial t^2}\left[\frac{W_{i,j}(t)}{W_{i,j}(0)}\right]\Big|_{t=0}$$

则部件 i 到部件 j 的可靠性损失的方差 σ^2 为：

$$\sigma_{i,j}^2(x) = E_{i,j}(x^2) - \left\{E_{i,j}(x)\right\}^2 = \frac{\partial^2}{\partial t^2}\left[\frac{W_{i,j}(t)}{W_{i,j}(0)}\right]\Big|_{t=0} - \left\{\frac{\partial}{\partial t}\left[\frac{W_{i,j}(t)}{W_{i,j}(0)}\right]\Big|_{t=0}\right\}^2$$

标准差为：

$$\sigma_{i,j}(x) = \sqrt{\frac{\partial^2}{\partial t^2}\left[\frac{W_{i,j}(t)}{W_{i,j}(0)}\right]\Big|_{t=0} - \left\{\frac{\partial}{\partial t}\left[\frac{W_{i,j}(t)}{W_{i,j}(0)}\right]\Big|_{t=0}\right\}^2} \quad \text{证毕}$$

3.4.1　复杂装备关键子系统识别

复杂装备是由多个子系统组装而成，各个子系统的性能水平对复杂装备最终性能水平有着重要影响。由约束理论可知，装备最终性能受制于关键子系统质量瓶颈。因此，需设计有效的方法识别出瓶颈子系统，进而制定相应的性能改善决策，最终提升复杂装备性能水平。为表征复杂装备子系统对装备的综合影响，同步考虑部件可靠性损失传递过程中的均值和波动。设计可靠性水平影响参数 ζ_i，用于探测子系统 i 对复杂装备系统的影响。

定义 3.4　假设装备子系统的起始元件节点为 I，终止节点为 J。对于从节点 I 到 J 的可靠性损失传递过程，设定其可靠性损失期望和标准差分别为 $E_{I,J}$ 和 $\sigma_{I,J}$。则子系统对复杂装备系统的最终影响为：$\zeta_i = \alpha E_{I,J} + \beta\sigma_{I,J}$，其中 α 和 β 分别为可靠性损失期望和标准差的权重，$\alpha > 0$，$\beta > 0$ 且 $\alpha + \beta = 1$。

由于 $E_{I,J} > 0$，$\sigma_{I,J} > 0$，$\frac{\partial \zeta_i}{\partial E_{I,J}} > 0$ 且 $\frac{\partial \zeta_i}{\partial \sigma_{I,J}} > 0$。当 $E_{I,J}$ 或 $\sigma_{I,J}$ 增加时，子系统最终影响因子 ζ_i 也增大，对复杂装备系统最终性能水平影响更加关键，若 ζ_i 在所有子系统可靠性影响参数中取最大，则可确定该子系统为复杂装备的关键瓶颈，针对该子系统实施有效的性能改善措施，可最大限度地提高复杂装备的整体可靠性水平。

3.4.2 子系统内部关键零部件诊断

由于子系统可靠性损失是由内部零部件可靠性损失累积而成，在识别出关键质量子系统之后，需进一步对子系统内部关键零部件进行诊断与测度，进而诊断出子系统关键部件对复杂装备的影响，最终制定更为完善的可靠性管理方案。

定义 3.5 存在某可靠性链 $i \to k \to \cdots \to J$，i 为子系统零部件，k 为紧邻零部件，则零部件 i 对复杂装备子系统性能水平综合影响参数为 γ_i，表达式为：

$$\gamma_i = \zeta_{i,J} - \zeta_{k,J} = (\alpha E_{i,J} + \beta \sigma_{i,J}) - (\alpha E_{k,J} + \beta \sigma_{k,J})$$

若 γ_i 在所有子系统零部件可靠性影响参数中最大，即 $\gamma_i = \max\{\gamma_1, \gamma_2, \cdots, \gamma_n\}$ 则可确定该零部件为子系统可靠性水平的关键瓶颈，最终影响复杂装备的性能水平。

3.5 算例研究

为进一步阐释上述建模过程及其可用性，以文献 [162] 中某型号复杂装备系统为例进行可靠性分析，首先分析复杂装备的系统结构，描述组成单元及元件之间的可靠性相互关系，评估可靠性相关参数，构建复杂装备系统 GERT 网络可靠性模型。根据各子系统相关的统计数据 GERT 网络参数如表 3-1、3-2 所示：

表3–1 复杂装备系统组成元件关系节点

节点	前向节点	后向节点	节点	前向节点	后向节点
1	2	ϕ	13	14	10
2	3,4,5	1	14	15	13
3	6	2	15	J	12,14
4	6	2	16	18	ϕ
5	6	2	17	18	ϕ
6	J	3,4,5	18	19	16,17

续表

节点	前向节点	后向节点	节点	前向节点	后向节点
7	8	ϕ	19	20	18
8	9	7	20	J	19
9	J	8	21	24	ϕ
10	11,13	ϕ	22	24	ϕ
11	12	10	23	24	ϕ
12	15	11	24	J	21,22,23

表3-2　复杂装备系统可靠性GERT网络参数表

活动	关系强度	矩母函数	活动	关系强度	矩母函数
(1,2)	1	$e^{0.1s+0.005s^2}$	(13,13)	0.4	$e^{-0.1s}$
(2,2)	0.2	$e^{-0.1s}$	(13,14)	0.6	$e^{0.8s+0.05s^2}$
(2,3)	0.3	$e^{0.2s+0.005s^2}$	(12,12)	0.4	$e^{-0.15s}$
(2,4)	0.2	$e^{0.2s+0.01s^2}$	(12,15)	0.6	$e^{s+0.05s^2}$
(2,5)	0.3	$e^{0.2s+0.01s^2}$	(14,14)	0.2	$e^{-0.2s}$
(3,3)	0.3	$e^{-0.1s}$	(14,15)	0.8	$e^{0.8s+0.04s^2}$
(4,4)	0.2	$e^{-0.15s}$	(15,15)	0.1	$e^{-0.1s}$
(5,5)	0.4	$e^{-0.12s}$	(15,J)	0.9	$e^{s+0.05s^2}$
(3,6)	0.7	$e^{0.3s+0.015s^2}$	(16,18)	1	$e^{0.2s+0.005s^2}$
(4,6)	0.8	$e^{0.2s+0.01s^2}$	(17,18)	1	$e^{0.2s+0.005s^2}$
(5,6)	0.6	$e^{0.4s+0.02s^2}$	(18,18)	0.2	$e^{-0.1s}$
(6,6)	0.2	$e^{-0.2s}$	(18,19)	0.8	$e^{0.8s+0.04s^2}$
(6,J)	0.8	$e^{0.6s+0.04s^2}$	(19,19)	0.3	$e^{-0.2s}$
(7,8)	1	$e^{0.2s+0.01s^2}$	(19,20)	0.7	$e^{0.4s+0.02s^2}$

续表

活动	关系强度	矩母函数	活动	关系强度	矩母函数
(8,8)	0.3	$e^{-0.2s}$	(20,20)	0.2	$e^{-0.1s}$
(8,9)	0.7	$e^{0.4s+0.03s^2}$	(20,J)	0.8	$e^{0.6s+0.04s^2}$
(9,9)	0.2	$e^{-0.15s}$	(21,24)	1	$e^{0.1s+0.005s^2}$
(9,J)	0.8	$e^{s+0.05s^2}$	(22,24)	1	$e^{0.1s+0.005s^2}$
(10,11)	0.5	$e^{0.2s+0.01s^2}$	(23,24)	1	$e^{0.1s+0.005s^2}$
(10,13)	0.5	$e^{0.1s+0.005s^2}$	(24,24)	0.2	$e^{-0.1s}$
(11,11)	0.3	$e^{-0.1s}$	(24,J)	0.8	$e^{0.8s+0.04s^2}$
(11,12)	0.7	$e^{0.4s+0.03s^2}$			

依据子系统内部结构及节点关系表，得到该复杂装备系统的 GERT 网络模型如图 3-7 所示。

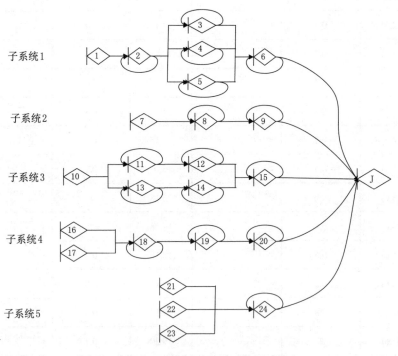

图3-7 复杂装备系统可靠性GERT网络图

依据所构建 GERT 网络模型的相关参数，计算元件可靠性关系路径的矩母函数和传递系数，运用梅森公式，结合装备系统 GERT 网络结构计算出装备的等价传递函数，并求出系统可靠性损失的期望和方差。

（1）关键子系统识别

以子系统 1 为例，计算其最终可靠性影响因子 ζ_i，借助信号流图基本理论，对子系统 1 进行特征分析，由节点 1 到 J 的可能路径有 3 条，即 $1 \rightarrow 2 \rightarrow 3 \rightarrow 6 \rightarrow J$、$1 \rightarrow 2 \rightarrow 4 \rightarrow 6 \rightarrow J$、$1 \rightarrow 2 \rightarrow 5 \rightarrow 6 \rightarrow J$，存在 5 个一阶环，10 个二阶环，10 个三阶环，5 个四阶环，1 个五阶环，由此可得该图的特征式，根据梅森拓扑方程及前文所述参数，得出子系统 1 从起始节点到装备系统整体的等价传递函数。借助 Maple 软件计算出子系统 1 的可靠性损失均值和标准差如下：

$$E_{1,J}(x) = \frac{\partial}{\partial t}\left[\frac{W_{1,J}(t)}{W_{1,J}(0)}\right]\Big|_{t=0} = 0.468\,4$$

$$\sigma_{1,J}(x) = \sqrt{\frac{\partial^2}{\partial t^2}\left[\frac{W_{1,J}(t)}{W_{1,J}(0)}\right]\Big|_{t=0} - \left\{\frac{\partial}{\partial t}\left[\frac{W_{1,J}(t)}{W_{1,J}(0)}\right]\Big|_{t=0}\right\}^2} = 0.284\,2$$

假设维护人员对复杂装备系统的可靠性损失均值和标准差两参数的重要性参考程度是等同的，即 $\alpha = \beta = 0.5$。则子系统 1 对整系统的最终影响因子为：

$$\zeta_1 = \alpha E_{1,J} + \beta \sigma_{1,J} = 0.376\,3$$

以此类推，以同样方法计算出所有剩余子系统起始节点到整体系统的等价传递函数，并得到各子系统对装备系统的最终可靠性影响因子分别为：

子系统 2 最终可靠性影响因子 $\zeta_2 = \alpha E_{7,J} + \beta \sigma_{7,J} = 0.863\,4$

子系统 3 最终可靠性影响因子 $\zeta_3 = \alpha E_{10,J} + \beta \sigma_{10,J} = 1.252\,8$

子系统 4 最终可靠性影响因子 $\zeta_4 = \alpha E_{16\,17,J} + \beta \sigma_{16\,17,J} = 0.632\,7$

子系统 5 最终可靠性影响因子 $\zeta_5 = \alpha E_{21\,22\,23,J} + \beta \sigma_{21\,22\,23,J} = 0.423\,1$

综上，对装备系统可靠性影响最大的子系统为 $\zeta_3 = \max\{\zeta_i\}$，即子系统 3 是复杂装备系统的关键质量子系统。为提升复杂装备系统的整体性能水平，则需采取相应改善措施，优先提高关键子系统的可靠性水平，进而提高复杂装备系统整体性能。

（2）子系统内部关键零部件识别

以子系统 3 中元件 10 为例，计算此元件的可靠性影响因子。对于可靠性流 $10 \rightarrow J$，其最终影响因子为 $\zeta_{10,J} = \alpha E_{10,J} + \beta \sigma_{10,J} = 1.252\,8$。由于组件 10 的箭线流分别传递组件 11 和 13，需将两组件看作整体，并计算整体的可靠性影响因子。

依据定义 3.6 计算出子系统 3 中元件 10 的可靠性影响因子具体数值为 $\gamma_{10} = \zeta_{10,J} - \zeta_{11\,13,J} = (\alpha E_{10,J} + \beta \sigma_{10,J}) - (\alpha E_{11\,13,J} + \beta \sigma_{11\,13,J}) = 0.241\,3$；分别计算其他组部件的可靠性影响因子如下：

组件 11 的可靠性影响因子 $\gamma_{11} = \zeta_{11,J} - \zeta_{12,J} = 1.189\,6 - 0.849\,8 = 0.341\,8$

组件 12 的可靠性影响因子 $\gamma_{12} = \zeta_{12,J} - \zeta_{15,J} = 0.847\,8 - 0.462\,9 = 0.384\,9$

组件 13 的可靠性影响因子 $\gamma_{13} = \zeta_{13,J} - \zeta_{14,J} = 1.276\,4 - 0.743\,9 = 0.532\,8$

组件 14 的可靠性影响因子 $\gamma_{14} = \zeta_{14,J} - \zeta_{15,J} = 0.827\,6 - 0.462\,9 = 0.364\,7$

组件 15 的可靠性影响因子 $\gamma_{15} = \zeta_{15,J} = 0.462\,9$

综上可知，$\gamma_{13} = \max\{\gamma_j\}$，即部件 13 是子系统 3 的关键组部件。若提升子系统 3 的性能水平，应优先对元件 13 实施相应的可靠性维护措施，提升元件状态，进而提升子系统 3 的性能。其他子系统的关键组部件识别，可由上述方法计算得出。

3.6 小结

由于复杂装备结构复杂，存在多个子系统，组件失效在不同层级不同零部件不断传递、累积，最终影响装备整体性能水平。目前关于复杂装备系统内部可靠性的探测问题研究并没有形成较为完善的理论体系。本章将 GERT 网络理论和装备可靠性理论相结合，对复杂装备关键子系统及其部件识别的问题进行了研究，构建了装备系统 GERT 网络可靠性模型，模型很好地刻画了系统元件之间可靠性关系，给出了系统可靠度分布特征的精确解析算法。在此基础上将模型扩至可靠性的灵敏度研究，分别构建了基于元件和基于子系统的模型识别算法，借此研究复杂装备组成单元的重要性，识别其中的关键环节，为复杂装备系统可靠性管理提供定量化的评估方法和决策制定依据。

第四章　基于综合重要度的复杂装备更换维修决策方法

4.1　问题描述

装备在运行过程中会经受各种冲击损伤，其组件逐渐由高性能状态向低性能状态衰退，倘若组件的性能不能满足任务的需求，则该组件失效。因此，如何科学有效地识别出这些失效组件并分析对系统性能的影响，成为企业维修人员的关注重点。对于一些制造企业进行装备维修时，无论采取哪种维修方式均需整个装备系统停止运行，若增加此类系统维修次数，维修过于频繁将使企业无法正常运营；另外，大多数装备系统存在多个性能状态，即多状态元件多状态系统，对于此类装备系统，确定元件失效临界状态且对系统性能的影响是专家学者关注的热点。

Tan 和 Raghavan（2008）定义了系统级维修概念，提出了一种多状态装备系统维修决策框架，其主要内容是系统维修计划的制定是由整体装备性能状态所决定，只有装备系统状态退化至无法满足任务性能需求时，才对装备元件采取维修措施。Zong（2013）针对可修装备和不可修装备构建两个模型以确定最优的更换维修策略，一个是模型以考虑维修次数为 N 时的装备最大可用度为目标，另外是考虑维修次数为 N 时长期平均费用最小为目标。Chang（2014）研究了装备系统运行时间随机情形下的最优预防维修策略，并在模型中纳入两种失效维修机制，一是元件失效后采取最小维修，另外是失效后进行更换。Sheu（2015）分析了由两个相关联元件组成的装备系统，元件面对两种形式的冲击损伤，当某元件面对第一类冲击损伤采取最小维修，而第二个元件面对另外一类冲击损伤采取更换维修决策，第二类冲击损伤是第一种冲击损伤的累积，元件冲击损伤发生率服从非齐次泊松过程，最后分析了面对第一种冲击损伤采取最小维修的最优次数，并对另一元件采取更换维修。Wang 等（2014）将装备失效过程分为三个阶段：正常、最小缺陷、严重缺陷，采用两种监测方式：初级监测水平（以一定概率识别最小缺陷）、高级监测水平（能够识别所有缺陷），并构建监测时间间隔和装备缺陷阈值为决策变量维修优化模型，当监测出装备处于最小缺陷阶段时，不采取维修方式，缩短监测时间间隔，当监测出装备处于严重缺陷时，根据装备缺陷阈值判断采取预防维修和更换维修。

目前在采取更换维修决策的大多数文献中，其维修决策过程多是确定最优的维修或失效次数 N^*，当元件达到失效或维修次数 N^* 时，再采取更换维修。此类研究并未阐述元件失效或维修过程对系统性能状态的影响，仅是以监测技术水平、冲击损伤强度等为约束条件，以可用度或维修费用为目标进行更换维修决策。实际上通过确定元件对系统性能影响的失效状态更为精确，尤其是从装备全寿命周期角度，描述元件多状态退化过程，确定元件失效状态，一旦元件退化至此状态，修人员对失效元件进行更换，此措施既可避免维修过度导致的资源浪费，也减少了频繁停机所导致的经济损失。本章借助综合重要度概念，将重要度理论引入元件的更换维修决策中。重要度是指装备系统中单个或多个元件失效或状态发生改变时，元件对系统可靠性的影响程度，它是可靠性相关参数和系统结构共同组成的函数。在装备系统服役阶段，对系统进行重要度分析有助于维修人员判别系统薄弱环节、合理分配维修资源、提升系统可靠性，从而保证系统的正常运行。

Birnbaum（1968）首次提出重要度计算方法，并将其用于描述元件状态与装备系统可靠性的相互关系。Zio 和 Podofillini（2004）将 Birnbaum 重要度的应用背景从二态转化为多态系统。Griffith（1980）基于期望效用提出 Griffith 重要度，用于分析组件效用的改变对系统性能的影响。Lambert（1975）构建关键重要度分析方法，与故障树分析结合，分析组件失效时对系统性能损失的影响程度。Vesely 和 Fussell（1970）引入 F-V 重要度概念，是一种基于最小割集的重要度分析方法，元件在故障树最小割集中出现的次数越多，表明此元件对于装备系统越重要。Vesely 等（1970）提出风险增加当量（RAW）和风险减少当量（RRW）的重要度分析方法，其中风险增加当量是值在元件失效时，元件故障条件下系统故障概率与系统失效概率的比例；RRW 为失效概率与组件正常时系统失效概率的比值。Barlow 和 Proschan（1975）构建 B-P 结构重要度计算方法，其应用于组件可靠性未知时，基于概率重要度进行积分求解。Boland（1991）针对组件存在冗余的情形，提出冗余重要度分析方法，主要分析将冗余组件激活时系统可靠性的提升程度。Hong 和 Lie（1993）通过分析共因失效条件下组件对系统可靠性的影响，提出联合重要度的计算方法。Ramire-Marquez 和 Coit（2005）构建组合重要度分析方法，用于分析组件所有状态组合对系统可靠性的影响程度。其他学者针对复杂装备系统的多阶段、不确定、模糊性等特征，相继提出了多态决策图重要度、元件不确定性因素重要度及多阶段任务重要度等计算方法。随着可靠性理论的发展，作为其中分支的重要度理论也快速进步，并在工业生产过程中的风险分析、安全分析、可靠性分析等领域得到广泛应用。

在装备运行过程中，元件状态之间转移率随时间累积而改变，元件状态服从的概率分布也随之变化。基于此，Si 等（2012）提出综合重要度方法，重点研究了其在串联、并联系统的中性质和相关定理，并应用于系统的退化过程和维修过程，分析了组件状态概率分布及组件状态转移率对系统性能的影响，并基于综合重要度发表一系列的文章。上述提出的重要度方法都是在某一固定时间点对组件进行研究的，然而在装备运行过程中，工程人员是从生命周期角度评估组件对系统的影响程度。Dui 等（2013）基于更新函数将综合重要度概念扩展至系统全寿命周期内，分析了故障元件对系统性能的影响，并给出串联、并联系统的全寿命周期综合重要度的相关定理性质的证明。然而很多工程系统如核能系统、燃驱压缩机系统等都是典型的串—并联、并—串联装备系统，传统的对串联结构或并联结构装备系统的重要度分析，不能全面概括混联装备系统的特征。因此本章的研究对象为典型混联装备系统，研究其全寿命周期过程下的综合重要度公式及相关性质，并将其引入装备运行过程中的更换维修决策中，扩展了全寿命周期综合重要度在复杂装备的应用，丰富了装备维修决策理论。

本章第 4.2 节首先介绍全寿命周期综合重要度的定义和性质；第 4.3 节给出并—联、串—并联复杂装备系统全寿命周期综合重要度具体化计算公式；第 4.4 节给出算例仿真及结果分析。

4.2 多态元件全寿命周期综合重要度

4.2.1 装备元件失效过程

根据涂慧玲（2014）的研究，针对多状态复杂装备系统退化过程中的元件综合重要度计算方法，系统元件退化过程的综合重要度公式为：

$$IIM_{m,0}^i(t) = P_m^i(t) \cdot \lambda_{m,0}^i \sum_{s=1}^{M} c_s [\Pr(\Phi(m_i, X(t)) = s) - \Pr(\Phi(0_i, X(t)) = s)]$$

（4-1）

也可用如下公式表示：

$$IIM_{m,0}^i(t) = P_m^i(t) \lambda_{m,0}^i \sum_{s=1}^{M} (c_s - c_{s-1}) [\Pr(\Phi(m_i, X(t)) < s) - \Pr(\Phi(0_i, X(t)) < s)]$$

$$= P_m^i(t) \lambda_{m,0}^i \sum_{s=1}^{M} (c_s - c_{s-1}) [\Pr(\Phi(m_i, X(t)) \geq s) - \Pr(\Phi(0_i, X(t)) \geq s)]$$

（4-2）

式中 $P_m^i(t)$ 表示组（部）件 i 在时刻 t 处于状态 m 的概率，$\lambda_{m,0}^i$ 表示组（部）件 i 从状态 m 退化到状态 0 的失效率；c_s 表示系统处于状态 s 的性能，系统状态值越高，性能越好，并且 $c_0 < c_1, <, \cdots, < c_M$；$X(t) = (X_1(t), X_2(t), \cdots, X_n(t))$，

$(m_i, X(t)) = (X_1(t), \cdots, X_{i-1}(t), m_i, X_{i+1}(t), \cdots, X_n(t))$，$\Phi(m_i, X(t))$ 表示组（部）件 i 处于状态 m 时，整体系统所处的状态。

公式（4-1）和（4-2）都是在某个特定时刻的重要度。然而系统设计人员更关注在全寿命周期中，哪个组部件对系统性能影响最大，从而可以延长系统的寿命。系统的全寿命周期依据服役时间的累积被分成不同的阶段，装备设计阶段、装备生产阶段、装备运行阶段、报废阶段。为更有效的对系统的维护，维修决策人员需识别装备在不同阶段的元件对系统性能的影响。下面将综合重要度从固定时间点扩展至时间段，并对其进行评估。

在可维修系统中，元件失效后能被立即检测。设元件 i 的维修时间满足一个连续时间分布函数 $G_i(t)$，维修密度函数为 $g_i(t)$，元件修复率为 $\mu_i(t)$，元件 i 的寿命分布为 $F_i(t)$，寿命密度函数为 $f_i(t)$，元件失效率为 $\lambda_i(t)$。

元件失效后采取更换维修，以保证维修后元件状态恢复如新。分别用 X_{ij} 和 Y_{ij} 表示第 j 个失效周期内，元件 i 的有效役龄和维修时间。令 $Z_{ij} = X_{ij} + Y_{ij}$，$\{Z_{ij}, j = 1, 2, \cdots\}$ 为随机变量，其分布函数为：

$$Q_i(t) = \Pr\{Z_{ij} \leqslant t\} = \Pr\{X_{ij} + Y_{ij} \leqslant t\} = \int_0^t G_i(t-u)dF_i(u) = F_i(t) * G_i(t) \qquad (4-3)$$

其中 * 表示卷积运算。

令 $N_i(t)$ 为 $(0, t]$ 中，组件 i 失效的次数。$M_i(t) = E\{N_i(t)\}$ 表示了在 $(0, t]$ 中，组件 i 失效的平均次数。$M_i(t)$ 是组件 i 的更新函数，利用全概率公式可以得到：

$$\begin{aligned} M_i(t) = {} & E\{N_i(t) | X_{i1} > t\} \Pr\{X_{i1} > t\} \\ & + E\{N_i(t) | X_{i1} \leqslant t < X_{i1} + Y_{i1}\} \Pr\{X_{i1} \leqslant t < X_{i1} + Y_{i1}\} \\ & + \int_0^t E\{N_i(t) | X_{i1} + Y_{i1} = u\} d\Pr\{X_{i1} + Y_{i1} = u\} \end{aligned} \qquad (4-4)$$

在式（4-4）中，在 $X_{i1} > t$ 的条件下，区间 $(0, t]$ 内组件 i 的失效次数为 0，所以 $E\{N_i(t) | X_{i1} > t\} = 0$；在 $X_{i1} \leqslant t < X_{i1} + Y_{i1}$ 的条件下，区间 $(0, t]$ 内组件的失效次数为 1，所以 $E\{N_i(t) | X_{i1} \leqslant t < X_{i1} + Y_{i1}\} = 1$；在 $X_{i1} + Y_{i1} = u$ 的条件下，区间 $(0, u]$ 内组件 i 已经失效一次，则区间 (u, t) 内组件的平均失效次数为内组件 i 的平均次数加

1，即 $E\{N_i(t)|X_{i1}+Y_{i1}=u\}=E\{N_i(t-u)\}+1=M(t-u)+1$。根据组件的更新寿命分布函数，式（4-4）转化为：

$$M_i(t)=\Pr\{X_{i1}\leqslant t<X_{i1}+Y_{i1}\}+\int_0^t M_i(t-u)d\Pr\{X_{i1}+Y_{i1}\leqslant u\}$$

$$=F_i(t)-F_i(t)*G_i(t)+Q_i(t)*[M_i(t)+1]=F_i(t)+Q_i(t)*M_i(t) \qquad (4\text{-}5)$$

利用拉普拉斯变换可以得到：

$$\hat{M}_i(s)=\hat{F}_i(s)/(1-\hat{F}_i(s)*\hat{G}_i(s))，\quad \hat{M}_i(s)=\int_0^\infty e^{-st}dM_i(t) \qquad (4\text{-}6)$$

$M_i(t)$ 可由拉普拉斯逆变换计算得出。

4.2.2 全寿命周期综合重要度

Griffith 重要度描述了在 t 时刻，当组件 i 从状态 m 劣化至状态 $m-1$ 时，系统性能的变化，如（4-7）所示：

$$I_m^G(i,t)=\frac{\partial U}{\partial\rho_{im}(t)}$$

$$=\sum_{k=1}^M(a_k-a_{k-1})[\Pr(\Phi(m_i,X(t))\geqslant k)-\Pr(\Phi((m-1)_i,X(t))\geqslant k)] \qquad (4\text{-}7)$$

其中 $\rho_{im}(t)=\Pr\{X_i(t)\geqslant m\}$，$U=\sum_{k=1}^M a_k\Pr(\Phi(X(t))=k)$。Griffith 重要度考虑了组件 i 从状态 m 退化到状态 $m-1$ 时系统性能减少的情况。在时刻 t，组件 i 从性能状态 m 退化到状态 $l(m>l)$，系统性能减少为：

$$I_{m,l}^G(i,t)=I_m^G(i,t)+I_{m-1}^G(i,t)+\cdots+I_{l+1}^G(i,t)$$

$$=\sum_{k=1}^M(a_k-a_{k-1})[\Pr(\Phi(m_i,X(t))\geqslant k)-\Pr(\Phi(l_i,X(t))\geqslant k)] \qquad (4\text{-}8)$$

$I_{m,l}^G(i,t)$ 表示装备元件 i 从状态 m 退化到状态 l 时系统性能发生的变化。

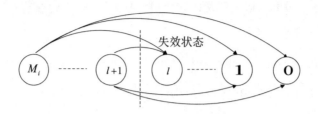

图4-1 组件失效状态图

当装备元件 i 的状态低于 q 时，元件 i 处于故障状态，此时系统性能减少如公式（4-9）所示：

$$I_l(i,t) = \sum_{m=q}^{M_i} \sum_{l=0}^{q-1} \sum_{k=1}^{M} I_{m,l}^G(i,t)$$

$$= \sum_{m=q}^{M_i} \sum_{l=0}^{q-1} \sum_{k=1}^{M} (a_k - a_{k-1})[\Pr(\Phi(m_i, X(t)) \geqslant k) - \Pr(\Phi(l_i, X(t)) \geqslant k)] \quad （4-9）$$

$\mathrm{d}M_i(t)$ 为单位时间内，组件 i 失效次数，在时间 $(0,t]$ 内由于组件 i 的失效，系统性能期望减少为：

$$I(i,t) = \int_0^t I_l(i,u)dM_i(u)$$

$$= \int_0^t \sum_{m=q}^{M_i} \sum_{l=0}^{q-1} \sum_{k=1}^{M} (a_k - a_{k-1})[Pr(\Phi(m_i, X(u)) \geqslant k) - Pr(\Phi(l_i, X(u)) \geqslant k)]dM_i(u) \quad （4-10）$$

在由组件 i 失效导致系统性能损失占装备系统总损失的概率为 $I(i,t)\Big/\sum_{i=1}^{n} I(i,t)$，公式如下：

$$IIM(i,t) = I(i,t)\Big/\sum_{i=1}^{n} I(i,t)$$

$$= \frac{\int_0^t \sum_{m=q}^{M_i} \sum_{l=0}^{q-1} \sum_{k=1}^{M} (a_k - a_{k-1})[\Pr(\Phi(m_i, X(u)) \geqslant k) - \Pr(\Phi(l_i, X(u)) \geqslant k)]\mathrm{d}M_i(u)}{\sum_{i=1}^{n} \int_0^t \sum_{m=q}^{M_i} \sum_{l=0}^{q-1} \sum_{k=1}^{M} (a_k - a_{k-1})[\Pr(\Phi(m_i, X(u)) \geqslant k) - \Pr(\Phi(l_i, X(u)) \geqslant k)]\mathrm{d}M_i(u)}$$

$$（4-11）$$

令 $t \to \infty$，则元件 i 全寿命周期内使得装备系统性能减少的概率为：

$$IIM(i) = \frac{\int_0^\infty \sum_{m=q}^{M_i} \sum_{l=0}^{q-1} \sum_{k=1}^{M} (a_k - a_{k-1})[\Pr(\Phi(m_i, X(u)) \geqslant k) - \Pr(\Phi(l_i, X(u)) \geqslant k)]\mathrm{d}M_i(u)}{\sum_{i=1}^{n} \int_0^\infty \sum_{m=q}^{M_i} \sum_{l=0}^{q-1} \sum_{k=1}^{M} (a_k - a_{k-1})[\Pr(\Phi(m_i, X(u)) \geqslant k) - \Pr(\Phi(l_i, X(u)) \geqslant k)]\mathrm{d}M_i(u)}$$

（4-12）

$IIM(i)$ 为元件 i 的全寿命周期综合重要度。装备系统寿命周期按照服役时间的累积分为不同的阶段，如初始阶段、稳定阶段、故障阶段、维修阶段、报废阶段。不同寿命阶段，各个元件因所处状态对装备系统性能的影响是不同的。t_1 表示一个阶段开始，t_2 表示一个阶段的结束，在时间段 (t_1, t_2) 内，组件的综合重要度为：

$$IIM(i, t_1, t_2) = \frac{\int_{t_1}^{t_2} \sum_{m=q}^{M_i} \sum_{l=0}^{q-1} \sum_{k=1}^{M} (a_k - a_{k-1})[\Pr(\Phi(m_i, X(u)) \geqslant k) - \Pr(\Phi(l_i, X(u)) \geqslant k)]\mathrm{d}M_i(u)}{\sum_{i=1}^{n} \int_{t_1}^{t_2} \sum_{m=q}^{M_i} \sum_{l=0}^{q-1} \sum_{k=1}^{M} (a_k - a_{k-1})[\Pr(\Phi(m_i, X(u)) \geqslant k) - \Pr(\Phi(l_i, X(u)) \geqslant k)]\mathrm{d}M_i(u)}$$

（4-13）

4.2.3　寿命周期内综合重要度性质

令 $\lambda_i(t) = \lambda_i$，$\mu_i(t) = \mu_i$，元件 i 维修时间、寿命服从指数分布，则元件 i 寿命和维修时间的分布函数分别为 $F_i(t) = 1 - e^{-\lambda_i t}$ 和 $G_i(t) = 1 - e^{-\mu_i t}$。$F_i(t)$ 和 $G_i(t)$ 对应的拉普拉斯变换分别为 $\hat{F}_i(s) = \dfrac{\lambda_i}{s + \lambda_i}$、$\hat{G}_i(s) = \dfrac{\mu_i}{s + \mu_i}$，则公式（4-6）变为：

$$\hat{M}_i(s) = \hat{F}_i(s)\big/(1 - \hat{F}_i(s) * \hat{G}_i(s))$$

$$= \frac{\lambda_i(s + \mu_i)}{s(s + \lambda_i + \mu_i)} = \frac{\lambda_i \mu_i}{\lambda_i + \mu_i} \cdot \frac{1}{s} + \frac{\lambda_i^2}{\lambda_i + \mu_i} \cdot \frac{1}{s + \lambda_i + \mu_i}$$

基于拉普拉斯逆变换，可以得出：

$$M_i(t) = \frac{\lambda_i \mu_i}{\lambda_i + \mu_i} + \frac{\lambda_i^2}{(\lambda_i + \mu_i)^2} \cdot e^{-(\lambda_i + \mu_i)t}$$

则 $\mathrm{d}M_i(t) = [-\dfrac{\lambda_i^2}{\lambda_i + \mu_i} \cdot e^{-(\lambda_i + \mu_i)t}]\mathrm{d}t$

代入寿命周期综合重要度公式：

$$IIM(i) = \dfrac{\displaystyle\int_0^\infty \sum_{m=q}^{M_i}\sum_{l=0}^{q-1}\sum_{k=1}^{M}(a_k - a_{k-1})[\mathrm{Pr}(\Phi(m_i, X(t)) \geqslant k) - \mathrm{Pr}(\Phi(l_i, X(t)) \geqslant k)] \cdot [-\dfrac{\lambda_i^2}{\lambda_i + \mu_i} \cdot e^{-(\lambda_i + \mu_i)t}]\mathrm{d}t}{\displaystyle\sum_{i=1}^{n}\int_0^\infty \sum_{m=q}^{M_i}\sum_{l=0}^{q-1}\sum_{k=1}^{M}(a_k - a_{k-1})[\mathrm{Pr}(\Phi(m_i, X(t)) \geqslant k) - \mathrm{Pr}(\Phi(l_i, X(t)) \geqslant k)] \cdot [-\dfrac{\lambda_i^2}{\lambda_i + \mu_i} \cdot e^{-(\lambda_i + \mu_i)t}]\mathrm{d}t}$$

（4-14）

当 $M_i = M = 1$ 时，多态装备系统转为二态系统，且 $q=1$、$\lambda_i(t) = \lambda_{1,0}(t)$、$\mu_i(t) = \mu_{1,0}(t)$。则：

$$\sum_{m=q}^{M_i}\sum_{l=0}^{q-1}\sum_{k=1}^{M}(a_k - a_{k-1})[\mathrm{Pr}(\Phi(m_i, X(t)) \geqslant k) - \mathrm{Pr}(\Phi(l_i, X(t)) \geqslant k)]$$

$$= (a_1 - a_0)(\mathrm{Pr}(\Phi(1_i, X(t)) = 1) - \mathrm{Pr}(\Phi(0_i, X(t)) = 1))$$

（4-15）

二态元件的全寿命周期综合重要度为：

$$IIM(i) = \dfrac{\displaystyle\int_0^\infty (a_1 - a_0)(\mathrm{Pr}(\Phi(1_i, X(t)) = 1) - \mathrm{Pr}(\Phi(0_i, X(t)) = 1))\mathrm{d}M_i(t)}{\displaystyle\sum_{i=1}^{n}\int_0^\infty (a_1 - a_0)(\mathrm{Pr}(\Phi(1_i, X(t)) = 1) - \mathrm{Pr}(\Phi(0_i, X(t)) = 1))\mathrm{d}M_i(t)}$$

（4-16）

在不可修二态系统中，$M_i(t) = F_i(t)$，并基于公式（4-1），

$$I(i) = \int_0^\infty (a_1 - a_0)(\mathrm{Pr}(\Phi(1_i, X(t)) = 1) - \mathrm{Pr}(\Phi(0_i, X(t)) = 1))\mathrm{d}M_i(t)$$

$$= \int_0^\infty (a_1 - a_0)(\mathrm{Pr}(\Phi(1_i, X(t)) = 1) - \mathrm{Pr}(\Phi(0_i, X(t)) = 1))\mathrm{d}F_i(t)$$

$$= \int_0^\infty (a_1 - a_0)(\mathrm{Pr}(\Phi(1_i, X(t)) = 1) - \mathrm{Pr}(\Phi(0_i, X(t)) = 1))f_i(t)\mathrm{d}t$$

$$= \int_0^\infty (a_1 - a_0)(Pr(\Phi(1_i, X(t)) = 1) - Pr(\Phi(0_i, X(t)) = 1)) \cdot \lambda_{1,0}^i(t) \cdot P_1^i(t)\mathrm{d}t$$

$$= \int_0^\infty IIM_{1,0}(i,t)\mathrm{d}t$$

（4-17）

从上式中可知，$I(i)$ 表示二态系统全寿命周期内，组件 i 失效使得系统性能期望减少，$I(i)$ 且是 $IIM_{1,0}(i,t)$ 在 $(0, \infty)$ 的积分。

Barlow-Proschan（B-P）重要度表示了寿命周期中，组件 i 使系统失效的

概率

$$I_{B-P}(i) = \int_0^\infty (\Pr(\Phi(1_i, X(t)) = 1) - \Pr(\Phi(0_i, X(t)) = 1)) f_i(t) \mathrm{d}t \qquad (4\text{-}18)$$

因 Brinbaum 重要度 $I_B(i,t) = \Pr(\Phi(1_i, X(t)) = 1) - \Pr(\Phi(0_i, X(t)) = 1)$，基于公式（4-17）二态全寿命周期组件 i 的综合重要度可表示为：

$$I(i) = \int_0^\infty (a_1 - a_0) I_B(i,t) f_i(t) \mathrm{d}t = (a_1 - a_0) I_{B-P}(i) \qquad (4\text{-}19)$$

公式（4-19）表明是 Birnbaum 重要度的一个加权平均，权重为 $(a_1 - a_0) f_i(t)$。

定理 4.1　在二态系统中，$IIM(i) = I_{B-P}(i)$。

证明：根据综合重要度公式：

$$IIM(i) = I(i) / \sum_{i=1}^n I(i) = \frac{(a_1 - a_0) I_{B-P}(i)}{\sum_{i=1}^n (a_1 - a_0) I_{B-P}(i)} = \frac{I_{B-P}(i)}{\sum_{i=1}^n I_{B-P}(i)}$$

在二态系统中 $I_{B-P}(i) = \int_0^\infty (\Pr(\Phi(1_i, X(t)) = 1) - \Pr(\Phi(0_i, X(t)) = 1)) f_i(t)\mathrm{d}t$

$I_{B-P}(i)$ 为组件 i 使系统失效的概率，则 $\sum_{i=1}^n I_{B-P}(i) = 1$，$IIM(i) = I_{B-P}(i)$，得证。

4.3　混联系统组件全寿命综合重要度

4.3.1　并—串联结构系统组部件综合重要度计算方法

并—串联系统结构是由 n 个串联子系统并联而成，子系统 i 由有 n_i 个元件串联构成，并—串联系统的结构函数为 $\Phi(X(t)) = \max_{1 \le i \le n} \{\min_{1 \le j \le n_i} \{X_{[ij]}(t)\}\}$，结构框图如图 4-2 所示：

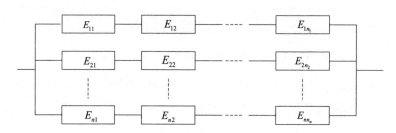

图4-2 并—串联系统结构框图

定理 4.2 并—串联结构系统组件 $[ij]$ 从状态 m 劣化到状态 l 时且失效状态为 q 全寿命周期综合重要度为：

$$IIM(i,j) = \frac{\int_0^\infty \sum_{m=q}^{M_{ij}} \sum_{l=0}^{q-1} \sum_{k=l}^{m-1} (a_k - a_{k-1}) \prod_{u=1,u\neq i}^{n} [1 - \prod_{v=1}^{n_u} \rho_{[uv]k}(t)] \prod_{v=1,v\neq j}^{n_i} \rho_{[iv]k}(t) \mathrm{d}M_{ij}(t)}{\sum_{j=1}^{n_n} \sum_{i=1}^{n} \int_0^\infty \sum_{m=q}^{M_{ij}} \sum_{l=0}^{q-1} \sum_{k=l}^{m-1} (a_k - a_{k-1}) \prod_{u=1,u\neq i}^{n} [1 - \prod_{v=1}^{n_u} \rho_{[uv]k}(t)] \prod_{v=1,v\neq j}^{n_i} \rho_{[iv]k}(t) \mathrm{d}M_{ij}(t)}$$

其中为方便计算记 $\Pr\{X_{uv}(t) \geq k\} = \rho_{[uv]k}(t)$。

证明：由组件 i 的综合重要度可知

$$I(i) = \int_0^\infty \sum_{m=q}^{M_i} \sum_{l=0}^{q-1} \sum_{k=1}^{M} (a_k - a_{k-1})[\Pr(\Phi(m_i, X(t)) \geq k) - \Pr(\Phi(l_i, X(t)) \geq k)] \mathrm{d}M_i(t)$$

$$= \int_0^\infty \sum_{m=q}^{M_i} \sum_{l=0}^{q-1} \sum_{k=1}^{M} (a_k - a_{k-1})[(1 - \Pr(\Phi(m_i, X(t)) < k)) - (1 - \Pr(\Phi(l_i, X(t)) < k))] \mathrm{d}M_i(t)$$

$$= \int_0^\infty \sum_{m=q}^{M_i} \sum_{l=0}^{q-1} \sum_{k=1}^{M} (a_k - a_{k-1})[\Pr(\Phi(l_i, X(t)) < k - \Pr(\Phi(m_i, X(t)) < k)] \mathrm{d}M_i(t)$$

其中

$$\sum_{k=1}^{M} (a_k - a_{k-1}) \Pr(\Phi(m_{[ij]}, X(t)) < k)$$

$$= \sum_{k=1}^{M} (a_k - a_{k-1}) \Pr\{\max\{\min_{1 \leq v \leq n_1}\{X_{1v}(t)\}, \cdots, \min_{1 \leq v \leq n_{i-1}}\{X_{i-1v}(t)\}, \min\{X_{i1}(t), \cdots, X_{ij-1}(t),$$

$$m, X_{ij+1}(t), \cdots, X_{in_i}(t)\}, \min_{1 \leq v \leq n_{i+1}}\{X_{i+1v}(t)\}, \cdots, \min_{1 \leq v \leq n_n}\{X_{nn_n}(t)\}\} < \mathrm{s}\}$$

$$= \sum_{k=1}^{M} (a_k - a_{k-1}) \Pr\{\min_{1 \leqslant v \leqslant n_1}\{X_{1v}(t)\} < k, \cdots, \min_{1 \leqslant v \leqslant n_{i-1}}\{X_{i-1v}(t)\} < k, \min\{X_{i1}(t), \cdots, X_{ij-1}(t),$$

$$m, X_{ij+1}(t), \cdots, X_{in_i}(t)\} < k, \min_{1 \leqslant v \leqslant n_{i+1}}\{X_{i+1v}(t)\} < k, \cdots, \min_{1 \leqslant v \leqslant n_n}\{X_{nn_n}(t)\} < k\}$$

对于任意 $u \in (1,2,\cdots,n)$ 且 $u \neq i$，$k \in (1,2,\cdots,M)$ 则有

$$Pr\{\min_{1 \leqslant v \leqslant n_u}\{X_{uv}(t)\} < k\} = 1 - Pr\{\min_{1 \leqslant v \leqslant n_u}\{X_{uv}(t)\} \geqslant k\}$$

$$= 1 - \Pr\{X_{u1}(t) \geqslant k, \cdots, X_{un_u}(t) \geqslant k\} = 1 - \prod_{v=1}^{n_u} \rho_{[uv]k}(t)$$

因 $\min\{X_{i1}(t), \cdots, X_{ij-1}(t), m, X_{ij+1}(t), \cdots, X_{in_i}(t)\} \leqslant m$

所以当 $u = i$ 且 $k \in (m, \cdots, M)$

则 $\Pr\{\min\{X_{i1}(t), \cdots, X_{ij-1}(t), m, X_{ij+1}(t), \cdots, X_{in_i}(t)\} \leqslant k\} = 1$

当 $u = i$ 且 $k \in (1,2,\cdots,m-1)$ 则有

$$\Pr\{\min\{X_{i1}(t), \cdots, X_{ij-1}(t), m, X_{ij+1}(t), \cdots, X_{in_i}(t)\} < k\}$$

$$= 1 - \Pr\{X_{i1}(t) \geqslant k, \cdots, X_{ij-1}(t) \geqslant k, X_{ij+1}(t) \geqslant k, \cdots, X_{in_i}(t) \geqslant k\}$$

$$= 1 - \prod_{v=1,v \neq j}^{n_i} \rho_{[iv]s}(t)$$

综上

$$\sum_{k=1}^{M} (a_k - a_{k-1}) Pr(\Phi(m_{[ij]}, X(t)) < k)$$

$$= \sum_{k=1}^{m-1} \{(a_k - a_{k-1}) \prod_{u=1,u \neq i}^{n} [1 - \prod_{v=1}^{n_u} \rho_{[uv]k}(t)][1 - \prod_{v=1,v \neq j}^{n_i} \rho_{[iv]k}(t)]\} + \sum_{k=m}^{M} \{(a_k - a_{k-1}) \prod_{u=1,u \neq i}^{n} [1 - \prod_{v=1}^{n_u} \rho_{[uv]k}(t)]\}$$

同理可得

$$\sum_{k=1}^{M} (a_k - a_{k-1}) \Pr(\Phi(l_{[ij]}, X(t)) < k)$$

$$= \sum_{k=1}^{l-1} \{(a_k - a_{k-1}) \prod_{u=1,u \neq i}^{n} [1 - \prod_{v=1}^{n_u} \rho_{[uv]k}(t)][1 - \prod_{v=1,v \neq j}^{n_i} \rho_{[iv]k}(t)]\} + \sum_{k=l}^{M} \{(a_k - a_{k-1}) \prod_{u=1,u \neq i}^{n} [1 - \prod_{v=1}^{n_u} \rho_{[uv]j}$$

将所得结果带入

$$\sum_{k=1}^{M}(a_k-a_{k-1})[\Pr(\Phi(l_{ij},X(t))<k-\Pr(\Phi(m_{ij},X(t))<k)])$$

$$=\sum_{k=1}^{m-1}\{(a_k-a_{k-1})\prod_{u=1,u\neq i}^{n}[1-\prod_{v=1}^{n_u}\rho_{[uv]k}(t)][1-\prod_{v=1,v\neq j}^{n_i}\rho_{[iv]k}(t)]\}+\sum_{k=m}^{M}\{(a_k-a_{k-1})\prod_{u=1,u\neq i}^{n}[1-\prod_{v=1}^{n_u}\rho_{[uv]k}(t)]\}-$$

$$\sum_{k=1}^{m-1}\{(a_k-a_{k-1})\prod_{u=1,u\neq i}^{n}[1-\prod_{v=1}^{n_u}\rho_{[uv]k}(t)][1-\prod_{v=1,v\neq j}^{n_i}\rho_{[iv]k}(t)]\}-\sum_{k=m}^{M}\{(a_k-a_{k-1})\prod_{u=1,u\neq i}^{n}[1-\prod_{v=1}^{n_u}\rho_{[uv]k}(t)]\}$$

$$=\sum_{k=l}^{m-1}\{(a_k-a_{k-1})\prod_{u=1,u\neq i}^{n}[1-\prod_{v=1}^{n_u}\rho_{[uv]k}(t)]\}-\sum_{k=l}^{m-1}\{(a_k-a_{k-1})\prod_{u=1,u\neq i}^{n}[1-\prod_{v=1}^{n_u}\rho_{[uv]k}(t)][1-\prod_{v=1,v\neq j}^{n_i}\rho_{[iv]k}(t)]\}$$

$$=\sum_{k=l}^{m-1}(a_k-a_{k-1})\prod_{u=1,u\neq i}^{n}[1-\prod_{v=1}^{n_u}\rho_{[uv]k}(t)]\prod_{v=1,v\neq j}^{n_i}\rho_{[iv]k}(t)$$

则 $I(i,j)=\int_0^{\infty}\sum_{m=q}^{M_{ij}}\sum_{l=0}^{q-1}\sum_{k=l}^{m-1}(a_k-a_{k-1})\prod_{u=1,u\neq i}^{n}[1-\prod_{v=1}^{n_u}\rho_{[uv]k}(t)]\prod_{v=1,v\neq j}^{n_i}\rho_{[iv]k}(t)\mathrm{d}M_{ij}(t)$

即并—串联结构系统组件[ij]的全寿命周期公式为

$$IIM(i,j)=\frac{\int_0^{\infty}\sum_{m=q}^{M_{ij}}\sum_{l=0}^{q-1}\sum_{k=l}^{m-1}(a_k-a_{k-1})\prod_{u=1,u\neq i}^{n}[1-\prod_{v=1}^{n_u}\rho_{[uv]k}(t)]\prod_{v=1,v\neq j}^{n_i}\rho_{[iv]k}(t)\mathrm{d}M_{ij}(t)}{\sum_{j=1}^{n_n}\sum_{i=1}^{n}\int_0^{\infty}\sum_{m=q}^{M_{ij}}\sum_{l=0}^{q-1}\sum_{k=l}^{m-1}(a_k-a_{k-1})\prod_{u=1,u\neq i}^{n}[1-\prod_{v=1}^{n_u}\rho_{[uv]k}(t)]\prod_{v=1,v\neq j}^{n_i}\rho_{[iv]k}(t)\mathrm{d}M_{ij}(t)}$$

证毕。

4.3.2 串—并联结构系统组部件综合重要度计算方法

串—并联系统结构是由 n 个并联子系统串联而成，子系统 i 由有 n_i 个元件并联构成，串—并联系统的结构函数为 $\Phi(X(t))=\min_{1\leq i\leq n}\{\max_{1\leq j\leq n_i}\{X_{[ij]}(t)\}\}$，其结构框图如图4-3所示：

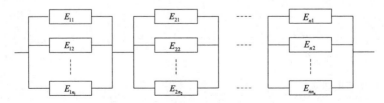

图4-3 串—并联系统结构框图

定理 4.3　串—并联结构系统组部件 $[ij]$ 从状态 m 劣化到状态 l 时且失效状态为 q 的全寿命周期内综合重要度计算公式为：

$$IIM(i,j) = \frac{\int_0^\infty \sum_{m=q}^{M_{ij}} \sum_{l=0}^{q-1} \sum_{k=l}^{m-1} \{(a_k - a_{k-1})[\prod_{u=1,u\neq i}^{n}(1-\prod_{v=1}^{n_u}(1-\rho_{[uv]k}(t)))][\prod_{v=1,v\neq j}^{n_i}(1-\rho_{[iv]k}(t)))]\}\mathrm{d}M_{ij}(t)}{\sum_{j=1}^{n_n}\sum_{i=1}^{n}\int_0^\infty \sum_{m=q}^{M_{ij}} \sum_{l=0}^{q-1} \sum_{k=l}^{m-1} \{(a_k - a_{k-1})[\prod_{u=1,u\neq i}^{n}(1-\prod_{v=1}^{n_u}(1-\rho_{[uv]k}(t)))][\prod_{v=1,v\neq j}^{n_i}(1-\rho_{[iv]k}(t)))]\}\mathrm{d}M_{ij}(t)}$$

证明：由组件 i 的综合重要度可知

$$I(i) = \int_0^\infty \sum_{m=q}^{M_i} \sum_{l=0}^{q-1} \sum_{k=1}^{M} (a_k - a_{k-1})[\Pr(\Phi(m_i, X(t)) \geqslant k) - \Pr(\Phi(l_i, X(t)) \geqslant k)]\mathrm{d}M_i(t)$$

其中

$$\sum_{k=1}^{M} (a_k - a_{k-1})\Pr(\Phi(m_{[ij]}, X(t)) \geqslant k)$$

$$= \sum_{k=1}^{M} (a_k - a_{k-1})\Pr\{\min\{\max_{1\leqslant v\leqslant n_1}\{X_{1v}(t)\}, \cdots, \max_{1\leqslant v\leqslant n_{i-1}}\{X_{i-1v}(t)\}, \max\{X_{i1}(t), \cdots, X_{ij-1}(t),$$
$$m, X_{ij+1}(t), \cdots, X_{in_i}(t)\}, \max_{1\leqslant v\leqslant n_{i+1}}\{X_{i+1v}(t)\}, \cdots, \max_{1\leqslant v\leqslant n_n}\{X_{nn_n}(t)\}\} \geqslant k\}$$

$$= \sum_{k=1}^{M} (a_k - a_{k-1})\Pr\{\max_{1\leqslant v\leqslant n_1}\{X_{1v}(t)\} \geqslant k, \cdots, \max_{1\leqslant v\leqslant n_{i-1}}\{X_{i-1v}(t)\} \geqslant k, \max\{X_{i1}(t), \cdots, X_{ij-1}(t),$$
$$m, X_{ij+1}(t), \cdots, X_{in_i}(t)\} \geqslant k, \max_{1\leqslant v\leqslant n_{i+1}}\{X_{i+1v}(t)\} \geqslant k, \cdots, \max_{1\leqslant v\leqslant n_n}\{X_{nn_n}(t)\} \geqslant k\}$$

对于任意 $u \in (1, 2, \cdots, n)$ 且 $u \neq i$，$k \in (1, 2, \cdots, M)$ 则有
$$\Pr\{\max_{1\leqslant v\leqslant n_v}\{X_{uv}(t)\} \geqslant k\} = 1 - \Pr\{\max_{1\leqslant v\leqslant n_u}\{X_{uv}(t)\} < k\}$$

$$= 1 - \Pr\{X_{u1}(t) < k, \cdots, X_{un_u}(t) < k\} = 1 - \prod_{v=1}^{n_u}(1 - \rho_{[uv]k}(t))$$

因 $\max\{X_{i1}(t), \cdots, X_{ij-1}(t), m, X_{ij+1}(t), \cdots, X_{in_i}(t)\} \geqslant m$

所以当 $u = i$ 且 $k \in (1, \cdots, m-1)$

则

$$Pr\left\{\max\left\{X_{i1}(t), \cdots, X_{ij-1}(t), m, X_{ij+1}(t), \cdots, X_{in_i}(t)\right\} \geqslant k\right\} = 1$$

当 $u = i$ 且 $k \in (m, \cdots, M)$ 则有

$$Pr\left\{\max\left\{X_{i1}(t), \cdots, X_{ij-1}(t), m, X_{ij+1}(t), \cdots, X_{in_i}(t)\right\} \geq k\right\}$$

$$= 1 - Pr\{X_{i1}(t) < k, \cdots, X_{ij-1}(t) < k, X_{ij+1}(t) < k, \cdots, X_{in_i}(t) < k\}$$

$$= 1 - \prod_{v=1, v \neq j}^{n_i} (1 - \rho_{[iv]k}(t))$$

综上

$$\sum_{k=1}^{M} (a_k - a_{k-1}) Pr(\Phi(m_{[ij]}, X(t)) \geq k)$$

$$= \sum_{k=1}^{m-1} \left\{(a_k - a_{k-1}) \prod_{u=1, u \neq i}^{n} [1 - \prod_{v=1}^{n_u} (1 - \rho_{[uv]k}(t))]\right\}$$

$$+ \sum_{k=m}^{M} \left\{(a_k - a_{k-1})[\prod_{u=1, u \neq i}^{n} (1 - \prod_{v=1}^{n_u} (1 - \rho_{[uv]k}(t)))][1 - \prod_{v=1, v \neq j}^{n_i} (1 - \rho_{[iv]k}(t))]\right\}$$

同理可得

$$\sum_{k=1}^{M} (a_k - a_{k-1}) Pr(\Phi(l_{[ij]}, X(t)) \geq k)$$

$$= \sum_{k=1}^{l-1} \left\{(a_k - a_{k-1}) \prod_{u=1, u \neq i}^{n} [1 - \prod_{v=1}^{n_u} (1 - \rho_{[uv]k}(t))]\right\}$$

$$+ \sum_{k=l}^{M} \left\{(a_k - a_{k-1})[\prod_{u=1, u \neq i}^{n} (1 - \prod_{v=1}^{n_u} (1 - \rho_{[uv]k}(t)))][1 - \prod_{v=1, v \neq j}^{n_i} (1 - \rho_{[iv]k}(t))]\right\}$$

将所得结果带入

$$\sum_{k=1}^{M} (a_k - a_{k-1})[Pr(\Phi(m_i, X(t)) \geq k) - Pr(\Phi(l_i, X(t)) \geq k)]$$

$$= \sum_{k=1}^{m-1} \left\{(a_k - a_{k-1}) \prod_{u=1, u \neq i}^{n} [1 - \prod_{v=1}^{n_u} (1 - \rho_{[uv]k}(t))]\right\}$$

$$+ \sum_{k=m}^{M} \left\{(a_k - a_{k-1})[\prod_{u=1, u \neq i}^{n} (1 - \prod_{v=1}^{n_u} (1 - \rho_{[uv]k}(t)))][1 - \prod_{v=1, v \neq j}^{n_i} (1 - \rho_{[iv]k}(t))]\right\} -$$

$$\sum_{k=1}^{l-1} \left\{(a_k - a_{k-1}) \prod_{u=1, u \neq i}^{n} [1 - \prod_{v=1}^{n_u} (1 - \rho_{[uv]k}(t))]\right\}$$

$$-\sum_{k=l}^{M}\{(a_k-a_{k-1})[\prod_{u=1,u\neq i}^{n}(1-\prod_{v=1}^{n_u}(1-\rho_{[uv]k}(t)))][1-\prod_{v=1,v\neq j}^{n_i}(1-\rho_{[iv]k}(t))]\}$$

$$=\sum_{k=l}^{m-1}\{(a_k-a_{k-1})\prod_{u=1,u\neq i}^{n}[1-\prod_{v=1}^{n_u}(1-\rho_{[uv]k}(t))]\}$$

$$-\sum_{k=l}^{m-1}\{(a_k-a_{k-1})[\prod_{u=1,u\neq i}^{n}(1-\prod_{v=1}^{n_u}(1-\rho_{[uv]k}(t)))][1-\prod_{v=1,v\neq j}^{n_i}(1-\rho_{[iv]k}(t))]\}$$

$$=\sum_{k=l}^{m-1}\{(a_k-a_{k-1})[\prod_{u=1,u\neq i}^{n}(1-\prod_{v=1}^{n_u}(1-\rho_{[uv]k}(t)))][\prod_{v=1,v\neq j}^{n_i}(1-\rho_{[iv]k}(t))]\}$$

则

$$I(i,j)=\int_0^\infty\sum_{m=q}^{M_{ij}}\sum_{l=0}^{q-1}\sum_{k=l}^{m-1}\{(a_k-a_{k-1})[\prod_{u=1,u\neq i}^{n}(1-\prod_{v=1}^{n_u}(1-\rho_{[uv]k}(t)))][\prod_{v=1,v\neq j}^{n_i}(1-\rho_{[iv]k}(t))]\}\mathrm{d}M_{ij}(t)$$

即串—并联结构系统组件 $[ij]$ 的全寿命周期公式为

$$IIM(i,j)=\frac{\int_0^\infty\sum_{m=q}^{M_{ij}}\sum_{l=0}^{q-1}\sum_{k=l}^{m-1}\{(a_k-a_{k-1})[\prod_{u=1,u\neq i}^{n}(1-\prod_{v=1}^{n_u}(1-\rho_{[uv]k}(t)))][\prod_{v=1,v\neq j}^{n_i}(1-\rho_{[iv]k}(t))]\}\mathrm{d}M_{ij}(t)}{\sum_{j=1}^{n_n}\sum_{i=1}^{n}\int_0^\infty\sum_{m=q}^{M_{ij}}\sum_{l=0}^{q-1}\sum_{k=l}^{m-1}\{(a_k-a_{k-1})[\prod_{u=1,u\neq i}^{n}(1-\prod_{v=1}^{n_u}(1-\rho_{[uv]k}(t)))][\prod_{v=1,v\neq j}^{n_i}(1-\rho_{[iv]k}(t))]\}\mathrm{d}M_{ij}(t)}$$

证毕。

4.4　仿真验证

本节给出算例验证，假设存在一个含有 5 个组件的混联系统，组件状态表示其寿命，假定装备所有元件的状态概率服从指数分布，满足马尔科夫性。混联装备系统的结构框图如图 4-4 所示，装备内部元件的各状态转移过程如图 4-5 所示：

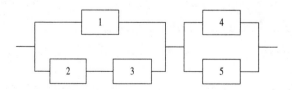

图4-4　混联系统结构框图

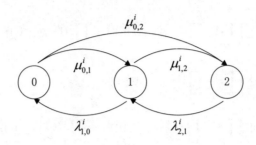

图4-5　组件的状态转移过程

此混联系统的结构函数为：

$$\Phi(X(t)) = \min\{\max\{X_1(t), \min\{X_2(t), X_3(t)\}\}, \max\{X_4(t), X_5(t)\}\}$$。

假设装备系统的所有组件的性能状态为3种，所有组件的寿命和维修时间满足指数分布。基于系统的结构函数，整个系统的性能状态也为3种，其状态性能水平分别为 $a_0 = 0$，$a_1 = 500$，$a_2 = 1000$，组件的各状态之间的转移关系中的失效率、修复率如表4-1所示，单位为 $year^{-1}$。因元件的寿命分布和维修时间服从指数分布，所以系统元件退化可用马尔科夫过程描述，基于Chapman-Kolmogorov方程，各组件的状态概率可以求出。

表4-1　元件失效率、修复率

组件	$\mu_{0,1}^i$	$\mu_{0,2}^i$	$\mu_{1,2}^i$	$\lambda_{1,0}^i$	$\lambda_{2,1}^i$
1	2.6	1	2.4	2.5	2
2	2	1.6	4	3	2
3	3	1	4	1.5	3
4	2.5	2	7	3.5	4
5	4	1.5	5	1.2	1.6

根据公式（4-10）及系统结构函数，组件1的重要度公式为：

$$I(1,t) = \int_0^t \sum_{m=1}^2 \sum_{k=1}^2 (a_k - a_{k-1})(\Pr(\Phi(m_i, X(u)) \geqslant k) - \Pr(\Phi(0_i, X(u)) \geqslant k))dM_i(u)$$

$$= \int_0^t \{(a_1 - a_0)[(p_1^1(u) + p_2^1(u))(p_1^4(u) + p_2^4(u)) + (p_1^1(u) + p_2^1(u))p_0^4(u)(p_1^5(u) + p_2^5(u))]\}dM_i(u)$$

$$-\int_0^t \{(a_1-a_0)[p_0^1(u)(p_1^2(u)+p_2^2(u))(p_1^3(u)+p_2^3(u))p_0^4(u)(p_1^5(u)+p_2^5(u))]\}\mathrm{d}M_i(u)$$

$$-\int_0^t \{(a_1-a_0)[p_0^1(u)(p_1^2(u)+p_2^2(u))(p_1^3(u)+p_2^3(u))(p_1^4(u)+p_2^4(u))]\}\mathrm{d}M_i(u)$$

$$+\int_0^t \{(a_2-a_1)(p_2^1(u)p_2^2(u)p_2^3(u)p_1^4(u)p_2^5(u))\}\mathrm{d}M_i(u)$$

组件 2 的重要度公式：

$$I(2,t)=\int_0^t \sum_{m=1}^2 \sum_{k=1}^2 (a_k-a_{k-1})(\Pr(\Phi(m_i,X(u))\geqslant k)-\Pr(\Phi(0_i,X(u))\geqslant k))\mathrm{d}M_i(u)$$

$$=\int_0^t \{(a_1-a_0)[p_0^1(u)(p_1^2(u)+p_2^2(u))(p_1^3(u)+p_2^3(u))(p_1^4(u)+p_2^4(u))]\}\mathrm{d}M_i(u)$$

$$+\int_0^t \{(a_1-a_0)[p_0^1(u)p_0^4(u)(p_1^2(u)+p_2^2(u))(p_1^3(u)+p_2^3(u))(p_1^5(u)+p_2^5(u))]\}\mathrm{d}M_i(u)$$

$$-\int_0^t \{(a_1-a_0)[(p_1^1(u)+p_2^1(u))(p_1^4(u)+p_2^4(u))+(p_1^1(u)+p_2^1(u))p_0^4(u)(p_1^5(u)+p_2^5(u))]\}\mathrm{d}M_i(u)$$

$$+\int_0^t \{(a_2-a_1)(p_2^1(u)p_2^2(u)p_2^3(u)p_1^4(u)p_2^5(u))\}\mathrm{d}M_i(u)$$

组件 3 与组件 2 结构相同，因此重要度公式相同（部件修复率和损失率不一样），在此不再赘述。

组件 4 的重要度公式为：

$$I(4,t)=\int_0^t \sum_{m=1}^2 \sum_{k=1}^2 (a_k-a_{k-1})(\Pr(\Phi(m_i,X(u))\geqslant k)-\Pr(\Phi(0_i,X(u))\geqslant k))\mathrm{d}M_i(u)$$

$$=\int_0^t \{(a_1-a_0)[(p_1^4(u)+p_2^4(u))(p_1^1(u)+p_2^1(u))]\}\mathrm{d}M_i(u)$$

$$+\int_0^t \{(a_1-a_0)[p_0^1(u)(p_1^3(u)+p_2^3(u))(p_1^2(u)+p_2^2(u))(p_1^4(u)+p_2^4(u))]\}\mathrm{d}M_i(u)$$

$$-\int_0^t \{(a_1-a_0)[(p_1^1(u)+p_2^1(u))(p_1^5(u)+p_2^5(u))p_0^4(u)]\}\mathrm{d}M_i(u)$$

$$-\int_0^t \{(a_1-a_0)[(p_1^3(u)+p_2^3(u))(p_1^2(u)+p_2^2(u))p_0^1(u)p_0^4(u)(p_1^5(u)+p_2^5(u))]\}\mathrm{d}M_i(u)$$

$$+\int_0^t \{(a_2-a_1)(p_2^1(u)p_2^2(u)p_2^3(u)p_1^4(u)p_2^5(u))\}\mathrm{d}M_i(u)$$

组件 5 的重要度公式为：

$$I(5,t) = \int_0^t \sum_{m=1}^2 \sum_{k=1}^2 (a_k - a_{k-1})(\Pr(\Phi(m_i, X(u)) \geqslant k) - \Pr(\Phi(0_i, X(u)) \geqslant k)) \mathrm{d}M_i(u)$$

$$= \int_0^t \{(a_1 - a_0)[p_0^4(u)(p_1^5(u) + p_2^5(u))(p_1^1(u) + p_2^1(u))]\} \mathrm{d}M_i(u)$$

$$+ \int_0^t \{(a_1 - a_0)[p_0^1(u)p_0^4(u)(p_1^3(u) + p_2^3(u))(p_1^2(u) + p_2^2(u))(p_1^5(u) + p_2^5(u))]\} \mathrm{d}M_i(u)$$

$$- \int_0^t \{(a_1 - a_0)[(p_1^1(u) + p_2^1(u))(p_1^4(u) + p_2^4(u))]\} \mathrm{d}M_i(u)$$

$$- \int_0^t \{(a_1 - a_0)[(p_1^3(u) + p_2^3(u))(p_1^2(u) + p_2^2(u))p_0^1(u)(p_1^4(u) + p_2^4(u))]\} \mathrm{d}M_i(u)$$

$$+ \int_0^t \{(a_2 - a_1)(p_2^1(u)p_2^2(u)p_2^3(u)p_1^4(u)p_2^5(u))\} \mathrm{d}M_i(u)$$

借助组件的重要度公式，得到各个组件的全寿命周期综合重要度公式

$$IIM(i,t) = \frac{I(i,t)}{I(1,t) + I(2,t) + I(3,t) + I(4,t) + I(5,t)}, \quad i = 1,2,3,4,5，当 t \to \infty 时可$$

以得到装备系统所有元件的全寿命周期内综合重要度 $IIM(i)$。

借助 Matlab 软件，所有组件的全寿命周期综合重要度 $IIM(i)$ 如图 4-6 所示：

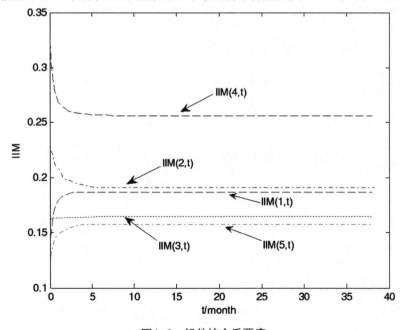

图4-6　组件综合重要度

表4-2　组件随时间变化的综合重要度

组件	1月	6月	10月	16月	20月	28月	36月
1	0.1837	0.1856	0.1869	0.1868	0.1868	0.1868	0.1868
2	0.1994	0.1984	0.1983	0.1982	0.1980	0.1980	0.1980
3	0.1625	0.1642	0.1645	0.1645	0.1646	0.1646	0.1646
4	0.2969	0.2940	0.2927	0.2928	0.2929	0.2929	0.2929
5	0.1575	0.1578	0.1576	0.1577	0.1577	0.1577	0.1577

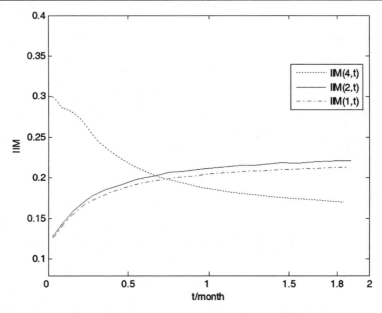

图4-7　失效率、修复率变化的组件重要度

不同生命周期内的组件综合重要度如表4-2所示。组件1、3、5的重要度随时间逐渐增加，组件4、2的重要度越来越小。由于组件4的损失率较大，所以组件4的重要度较大，这与图4-6相对应。当时间累积至20个月时，组件重要度趋于稳定 $IIM(i)$ 。综合重要度的排序为 $IIM(4,t) > IIM(2,t) > IIM(1,t) > IIM(3,t) > IIM(5,t)$ 。当 $\lambda_{1,0}^1 = 3.5$ 、 $\lambda_{1,0}^2 = 3.5$ 、 $\mu_{1,0}^1 = 2$ 、 $\mu_{1,0}^2 = 2$ 时，组件4的重要度曲线与组件1和组件2的重要度相交，如图4-7所示。元件的失效率及修复率是导致组件综合重要

度发生变化的关键影响因素，当元件失效率和修复率发生改变时，元件的综合重要度随着变化，进而影响更换维修的元件。维修工作人员在采取更换维修时，可以此为依据对设备进行维修决策。

4.5 小结

本书从全寿命周期角度，描述元件多状态退化过程，确定元件失效状态，当元件劣化至失效状态，进行更换维修。将综合重要度引入装备更换维修决策中，可以有效减少维修资源浪费和停机经济损失。由于在实际工业生产过程中，存在大量混联装备系统，对此类装备系统进行研究给具有普适性，因此本书对并—串联和串—并联典型多态混联系统生命周期综合重要度的计算公式进行了推导证明。通过算例仿真，分析了组件在不同失效率和维修率条件下，组件综合重要度随时间变化的情况，确定了元件全寿命周期的综合重要度，以此为依据向企业工程人员提供更换维修决策，验证了多态混联装备系统生命周期综合重要度方法维修过程中的应用。

第五章　基于双层模糊综合评价的复杂 装备维修决策方法

随着经济全球化进程的加快，世界装备制造行业进入了一个全新的发展时期，我国的装备制造行业也发展迅速，已经成为国家的支柱产业之一。由于我国工业规模化水平的不断提高，现代制造装备的结构越来越复杂，自动化程度越来越高，设备出现故障时所带来的影响程度也越来越大，一旦装备出现故障停止运行，这就会给企业直接导致巨大的经济损失。同时，按照工业化连续、安全、稳定生产制造的要求，只有实现了安全稳定生产，员工的生命安全才能得到保障，巨额的投入才能得到回报。近年来，屡屡有发生在工业行业的因设备问题导致的重大事故曝光，给人民生活带来巨大灾难，在社会上造成恶劣影响，其损失甚至难以用金钱衡量。因此，工程复杂装备从购买、安装调试到使用、维修保养、改造、报废等各个环节都需要进行管理，有必要认真地进行科学论证和技术经济分析，既要提高复杂装备性能，又要优化复杂装备效能，把复杂装备设备管理作为一项重要的系统工程贯彻到企业的生产经营当中。

设备管理是企业管理的重要组成部分，就是要保证为企业提供最优的技术装备，使企业的生产活动建立在最佳的物质基础上，以最少设备寿命周期费用获得设备最大的效能。高端复杂装备企业最主要的生产特点是连续性生产和设备的高度自动化，若设备维护过程稍有疏忽，导致设备发生故障或失效问题，不仅影响油气产量，而且会给国家和人民生命财产造成重大损失。因此，只有加强复杂装备设备管理，搞好设备的维护保养和现场管理，才能为企业的生产经营活动夯实基础。

5.1 问题描述

　　复杂装备的维修策略是指设备维修方式的选择，通过不同维修方式的选择来实现维修工作。传统的设备维修模式主张故障后维修或者对可能的所有故障都采取预防维修，并未考虑到设备的实际运行状况以及维修的经济性。在 RCM 分析过程中，基于对设备技术状况变化规律的认知程度和维修工作所起的作用或者效果，综合考虑设备自身特性和故障模式选择适用的维修方式。传统的设备管理在制定设备维修决策时，采取的主要是强制性的周期性检修方法。这种方法根据设备磨损规律和零件的使用寿命，明确规定了检修日期、类别和内容，到了规定的检修时间必须严格按照计划进行检修，较少考虑到设备运行实际状况及利用运行经验累积来优化检修周期，错误地认为维修工作做得越多就能够获得越高的可靠性，往往会出现一方面设备不能及时得到维修而造成"失修"，使事后维修量增加；另一方面因进行了不应进行的修理而使得一些备件过早报废，甚至可能造成进一步故障隐患而使设备工况下降，修费用增加。因此，急需运用现代可靠性理论及维修管理技术对其进行全面改革，达到提高设备运行可靠性，减少故障率的目的。以可靠性为中心的维修（reliability centered maintenance，RCM）作为第三代设备维修管理具有代表性的模式，是目前国际上流行的、用以确定设备预防维修工作、优化维修制度的一种系统工程方法，其基本观点有：

　　（1）以最小的经济代价来保持和恢复设备的固有可靠性与安全性。由于设备的可靠性与安全性是设计制造赋予的固有特性，有效的维修可以提高使用可靠性，或者防止固有可靠性水平的降低；优良的维护工作可以使设备接近或达到已经具有的固有可靠性水平，但不能超过它。假如设备的可靠性与安全性水平满足不了使用要求，只有重新设计才能提高它们。因此，维修越多不一定越安全、越可靠。

　　（2）设备故障有不同的影响或后果，应采取不同的维修。故障后果的严重性是确定要不要作预防性维修工作的出发点。对某个设备来说，故障是不可避免的，但后果不尽相同，所以，重要的是预防故障的严重后果。安全性、隐患性后果要预防维修，反之则需按经济性原则确定是否预防。对于采用余度技术的设备来说，其安全性一般已不再与其可靠性有关了，因此可以从经济性来权衡是否需要进行预防性维修工作。

（3）设备的故障规律不同，应采取不同方式控制维修工作时机。对于有耗损性故障规律的设备适宜定时拆修或更换，以预防功能故障或引起多重故障。对于无耗损故障规律的设备，定时拆修或更换常常是有害无益，适宜于通过检查、监控、视情进行维修。

（4）预防维修能够预防和减少功能故障的次数，但是不能改变故障的后果。故障的后果(包括经济性后果)，都是由设备的设计特性所决定的，只有更改设计，才能改变故障的后果。安全性后果可以通过余度技术、破损安全设计、损伤容限设计等措施而降低为经济性后果。通常隐蔽功能可以通过设计转变为明显功能。

RCM强调以设备的可靠性、设备故障后果作为制定维修策略的主要依据，同时考虑了系统寿命、运转效率、维修成本效益，能够运用石化设备的历史维修数据及行业经验系统性的利用故障模式影响和危害性分析（failure modes effects and criticality analysis，FMECA）及故障树分析（fault tree analysis，FTA）等方法选择最优的预防维修策略，帮助企业降低设备意外故障的概率，提高设备的可靠性。

燃驱压缩机组结构复杂，设备繁多，设备特点、设备设计思想各不相同，属于典型的复杂装备，本章以燃驱压缩机为案例分析其维修策略。在燃区压缩机机组的子设备部件或子系统中，既有机械类设备，也有电子电气类设备，各种类型设备涉及众多专业和技术，包括机械、电气、仪表和自动化等，且各子系统设备繁多、结构复杂、功能各异但相关性较高，各子系统设备的正常运行直接影响到整个机组的可靠性。因此，燃驱压缩机的维修方式决策具有重要的理论意义和经济价值。

武万（2019）指出燃驱压缩机是一类典型的复杂装备，归纳了燃驱压缩机的故障类别，结合运行过程中的故障数据，对装备故障周期趋势进行分析，从技术需求、库存备件、定期维护保养、冬季运维特殊性等方面提出具体的提升压缩机可靠性措施。张勇（2019）以燃驱压缩机安装调试阶段的故障分析为切入点，得到燃驱动压缩机现场安装注意事项及调试初期阶段常见故障的成因。唐炜（2018）针对燃驱压缩机组控制模式提前进入最大燃料控制模式、压缩机转速无法达到额定转速故障特征，通过分析机组燃料控制机理给出故障形成原因及具体的提升方法。周英果（2018）针对燃驱压缩机仪表系统故障、控制系统故障、机械设备故障进行梳理，并提出应对措施。刘白杨等（2018）借助燃驱压缩机历史运行数据计算装备可用率、可靠性、平均无故障运行时间、千小时故障停机次数等指标，归纳分析各类故障的发生频次、产生原因及部位，针对高频故障，结合维护经验分析设备故障原因，给出解决措施。杨阳和姜帅（2017）针对燃驱压缩机启动系统机组启动中遇到的故障现象，将启动过程分为三个阶段，运用故障排除法，分析故障形成原因并给出应对措施。林勇和余国平（2010）针对 GE 燃驱压缩机组箱体通风系统故障，分析其故障特征，指出故障成因。孙启敬等（2010）以燃驱压缩机组为例，运用模糊综合评价法构建对燃驱压缩机组状态维修类型决策数学模型，并将该评价法进行程序化管理，以实现燃驱压缩机动态维修决策。宾光富等（2010）在系统分析装备系统功能结构的基础上，将模糊综合评价法和层次分析法相结合，运用模糊综提出了一种系统量化装备运行状态的方法。综上，当前研究对复杂装备的维护问题进行充分的探讨，然而多是定性分析或从经验总结提炼出维护措施，缺乏从定量角度分析复杂装备维修决策。另外，由于复杂装备结构复杂，耦合度高，具有很大的模糊性和不确定性，因此有必要采用定量分析方法，兼顾装备运行模糊性，基于复杂装备运行数据进行装备维护决策方法研究。

由于燃驱压缩机组中的设备具有多故障模式，如果采用逻辑决断图则导致同一设备有不同的维修方式，在实际操作时需进行维修方式的再判断。设备维修方式决策属于典型的定量分析与定性分析结合的问题，因此在分析处理问题时，判断出影响设备维修方式决策因素之间的定量与定性的相互关系是解决问题的关键所在。模糊综合评价既有严格的定量刻画，也可以对难易定量分析的模糊现象进行主观的定性描述，从而把定性描述和定量分析紧密结合起来。基于 RCM 的维修决策评判的内容决定了它是一个双层次多因素的评判问题。因此本章选取双层模糊综合评价来进行维修方式的决策。

5.2　复杂装备燃驱压缩机的故障模式

分析压缩机组的故障模式是选择维修方式的重要步骤，因此，通过表列出来所有待分析的子系统、子设备以及部件的可能故障模式，可以诊断出机组设备中可能会出现故障的薄弱环节，并针对这些具有故障风险的薄弱环节提出可能采取的预防措施，有针对性地指导机组制订维修计划。压缩机子系统及故障模式见表 5-1。

表5-1　燃驱压缩机分类及故障模式

设备	故障模式	设备	故障模式	设备	故障模式
压缩机本体		密封面	磨损	油气分离器	壳体断裂
防喘阀	密封效果不好	过滤器	差高		裂纹
振动检测系统	接线松动		漏油		泄漏
放空阀	腐蚀	防冰系统		油冷却器	冷却风扇故障
液压启动系统		防冰阀	限位异常		污染
液压柱塞马达	磨损		防冰阀冰堵		滑油管路堵塞
	卡涩	防冰管	防冰管堵住		温度异常
	进出口堵塞	引气挠性软管	断裂脱落		冷却效果不好
安全阀	内漏	燃料系统		油箱	油箱破裂
伺服阀	压力异常	燃料歧管	磨损		油箱松动
电磁阀	内漏		偏差		油箱管线故障
差压执行器	卡涩		裂纹 / 裂痕	控制系统	

设备	故障模式	设备	故障模式	设备	故障模式
VSV 泵	液压油流量小	燃料喷嘴	流量孔道堵塞	检测探头	测量不准确
	VSV 泵损坏		喷嘴头损坏		探头松动
	VSV 泵卡涩		裂纹		探头损坏
	VSV 伺服阀漏油		螺纹损坏		探头漏油
	VSV 信号线故障		叶尖磨损	调压撬控制柜	风扇轴承断裂
	控制失效	燃料气撬	电加热器故障	机组 PLC	机组 PLC 故障
干气密封系统		A12 管	破裂	阀位反馈系统	阀位反馈异常
静环	磨损		变形	紧急关段系统	按钮腐蚀
动环组件	磨损		接头漏油	浪涌抑制柜	浪涌抑制柜故障
密封 O 形圈	漏油	润滑油系统		电缆	电缆故障
弹簧	松弛	润滑油泵	压力下降	I/O 包	I/O 包故障
弹簧座	松动		输出量下降	仪表	仪表损坏

5.3　基于模糊综合评价的维修方式决策

5.3.1　双层模糊综合评价数学模型

模糊综合评价方法是 20 世纪 60 年代美国科学家扎德教授创立,是针对现实中大量的具有模糊性现象判断的一种评价方法。双层模糊综合评价针对评价因素具有层次之分的模糊评价问题,采取从最低层次各因素进行综合评价,然后依次往上,直至最高层次,最终得到总的评价结果。

U 为因素集,$V = \{v_1, v_2, \cdots, v_n\}$ 为评语集。设将 U 中的因素分为 s 组,$U = \{U_1, U_2, \cdots, U_s\}$,并满足 $U = \sum_{j=1}^{s} U_j$,且当 $i \neq j$ 时,$U_i \cap U_j = \varnothing$。对于这个 U_i 有 $U_i = \{U_{i1}, U_{i2}, \cdots, U_{i(n)}\}$,其中 $i(n)$ 表示第 i 组的因素集所含有的因素个

数。因此，U 为高一层因素集，$U_i(i=1,\cdots,s)$ 为低一层因素集。$A_1,A_2,\cdots,A_s$ 为 $U_1,U_2,\cdots,U_s$ 的权重集，A 为第一层因素集 U 的权重集，含 s 个元素。R_i 表示因素集 U_i 与评语集 V 间的隶属关系，则评判过程为：

（1）对最高层因素进行评价 $\forall i=1,2,\cdots s$，对评价空间 (U_i,V,R_i) 进行评价得 $B_i=A_i\circ R_i$。

（2）计算最高层的模糊评价矩阵 R，由比最高层低的层级的综合评价输出 B_i 构成，即：

$$R=\begin{bmatrix} B_1 \\ B_2 \\ \cdots \\ B_s \end{bmatrix}=\begin{bmatrix} A_1\circ B_1 \\ A_2\circ B_2 \\ \cdots\circ\cdots \\ A_s\circ B_s \end{bmatrix} \tag{5-1}$$

（3）在最高层上进行综合评价，即对评价空间 (U,V,R) 进行综合评价，其中 $U=\{U_1,U_2,\cdots,U_s\}$，计算得 $B=A\circ R$。

5.3.2　双层模糊综合评价过程

（1）建立因素集 U

设备维修方式决策的影响因素主要从可靠性、维修性和经济性三个方面考虑。每一因素下面又有若干评价因素，见表5-2。

表5-2　评价因素集

影响因素	符号	评价因素	符号
可靠性	u_1	故障的安全性影响	u_{11}
		故障对系统功能的影响	u_{12}
		故障发生的频率	u_{13}
维修性	u_2	维修难易程度	u_{21}
		备件供应程度	u_{22}
经济性	u_3	停机损失费用	u_{31}
		维修费用	u_{32}

（2）建立评语集 V

评语集主要是四种维修类型，即 $V = \{v_1, v_2, v_3, v_4\}$，$v_1$：事后维修，$v_2$：定期检查，$v_3$：定期更换，$v_4$：状态维修。

事后维修又称故障后维修，在设备发生故障之后才进行修理活动。定期检查也称计划检查，以设备的故障机理为基础，按照固定的维修周期进行检修活动。定期更换按照固定的维修周期进行设备更换。状态维修是以设备的状态为基准，通过对设备状态的实时监测和判断，按照实际需要对设备进行检修。

（3）统计、确定隶属度向量，形成隶属度矩阵

隶属度是指多个评价主体对某个评价对象在影响因素 u_i 方面做出评语集 v_j 评定的可能性大小。

（4）建立因素权重集

使用层次分析法来确定因素的权重，由层次分析可得到性能指标的评价因素权重向量：可靠性 $A_1 = (a_{11}, a_{12}, a_{13})$，维修性 $A_2 = (a_{21}, a_{22})$，经济性 $A_3 = (a_{31}, a_{32})$。

（5）维修方式决策

以 R_i 表示评价因素集 U 和评语集 V 的模糊关系，其以 U 的一个模糊子集 A_i 映射到 U 上的一个模糊子集 B_i，A_i 是映射的原像，B_i 是映射的像，模糊综合

评价实际上就是已知原像 A_i（权重向量）和映射 R_i（模糊评价矩阵），去求像 B_i（综合评判结果）的问题，借助模糊变换 $B_i = A_i \circ R_i$，采用 $M(\bullet, \oplus)$ 计算，矩阵运算方式为先乘后加。

利用模糊变换得到综合评价的结果 B。此时性能因素的模糊评价矩阵为

$$R_1 = \begin{bmatrix} B_1 \\ B_2 \\ B_3 \end{bmatrix} = \begin{bmatrix} b_{11} & b_{12} & b_{13} \\ b_{21} & b_{22} & b_{23} \\ b_{31} & b_{32} & b_{33} \end{bmatrix} \tag{5-2}$$

通过模糊变换：$B = A \circ R$，得到模糊综合评价结果 B。

以隶属度最大对评价结果进行处理，选择 $\max\limits_{j} b_j = (j = 1, 2, \cdots, m)$ 对应的评语集因素作为最终评价结果：$V = \left\{ V_L \middle| V_L \to \max\limits_{j} b_j \right\}$。

5.4　装备维修方式决策

以控制单元探头故障为例，来详细阐述基于双层模糊评价方法在维修方式决策中的应用过程。依据表 5-2 确定评价指标递阶层次结构图，如图 5-1 所示。

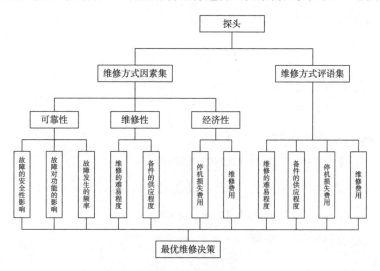

图5-1　评价指标递阶层次结构图

5.4.1 计算各指标权重

根据层次分析法来确定各个层次的权重，本书使用 yaahp 软件直接计算得出各层次的权重计算结果，第一层权重：

$$A = (a_1, a_2, a_3) = (0.6986, 0.2370, 0.0643)，\lambda_{max} = 3.0904，CR = 0.0904 < 0.1$$

第二层权重

$$A_1 = (a_{11}, a_{12}, a_{13}) = (0.4934, 0.3108, 0.1958)，\lambda_{max} = 3.0536，CR = 0.0516 < 0.1$$

$$A_2 = (a_{21}, a_{22}) = (0.6667, 0.3333)，\lambda_{max} = 2，CR = 0 < 0.1$$

$$A_3 = (a_{31}, a_{32}) = (0.7500, 0.2500)，\lambda_{max} = 2，CR = 0 < 0.1$$

其中 λ_{max} 为判断矩阵最大特征根，CR 为一致性比例，当 $CR < 0.1$ 认为判断矩阵一致性可接受。

5.4.2 计算评判结果、分析构造第二层模糊评判矩阵 R

$$R_1 = \begin{bmatrix} 0.0 & 0.3 & 0.4 & 0.3 \\ 0.2 & 0.2 & 0.3 & 0.3 \\ 0.1 & 0.3 & 0.3 & 0.3 \end{bmatrix}，权重集 A_1 = (a_{11}, a_{12}, a_{13}) = (0.4934, 0.3108, 0.1958)$$

$$R_2 = \begin{bmatrix} 0.2 & 0.2 & 0.2 & 0.4 \\ 0.3 & 0.2 & 0.2 & 0.2 \end{bmatrix}，权重集 A_2 = (a_{21}, a_{22}) = (0.6667, 0.3333)$$

$$R_3 = \begin{bmatrix} 0.3 & 0.2 & 0.3 & 0.2 \\ 0.3 & 0.2 & 0.3 & 0.2 \end{bmatrix}，权重集 A_3 = (a_{31}, a_{32}) = (0.7500, 0.2500)$$

使用矩阵运算 $M(\bullet, \oplus)$

$$B_1 = A_1 \circ R_1 = (0.0817, 0.2689, 0.3493, 0.3000)$$

$$B_2 = A_2 \circ R_2 = (0.2333, 0.2000, 0.2000, 0.3333)$$

$$B_3 = A_3 \circ R_3 = (0.2250, 0.1500, 0.2250, 0.1500)$$

第一层的模糊评价矩阵为

$$R = \begin{bmatrix} B_1 \\ B_2 \\ B_3 \end{bmatrix} \begin{bmatrix} 0.0817 & 0.2689 & 0.3493 & 0.3000 \\ 0.2333 & 0.2000 & 0.2000 & 0.3333 \\ 0.2250 & 0.1500 & 0.2250 & 0.1500 \end{bmatrix}$$

其权重集为 $A = (a_1, a_2, a_3) = (0.6986, 0.2370, 0.0643)$

$B = A \circ R = (0.1268, 0.2449, 0.3059, 0.2982)$

依照评判结果模糊集 B，按照最大隶属度原则，探头的维修方式为定期更换。机组中其他设备的维修方式决策具体过程作者不再详述，具体维修类型见表5-3。

表5-3　压缩机子设备故障维修方式

设备	维修方式	设备	维修方式
安全阀	定期更换	I/O 包	事后维修
伺服阀	事后维修	仪表	定期检查
电磁阀	事后维修	液压柱塞马达	状态维修
差压执行器	定期检查	VSV 泵	定期检查
静环	定期检查	过滤器	定期更换
动环组件	定期检查	润滑油泵	状态维修
密封 O 形圈	定期更换	油气分离器	事后维修
弹簧	定期更换	油冷却器	事后维修
弹簧座	事后维修	油箱	状态维修
密封面	状态维修	滤清器	定期检查
防冰管	定期检查	管路	事后维修
引气挠性软管	定期更换	防冰阀	事后维修
燃料气撬	事后维修	燃料歧管	事后维修
调压撬控制柜	状态维修	A12 管	定期更换
电缆	事后维修	检测探头	定期更换

X 公司拥有型号为 PGT 25 PLUS SAC/PCL804N 的燃驱压缩机组 10 套，公司现行维修方法为：定期 2000 小时、4000 小时、8000 小时维修，本章是在复杂装备然驱压缩机实际运行数据基础上，结合公司经济效益，选择不同的维修方式。所得结论为压缩机组不同子设备故障采取不同的维修方式，如油箱采取状态维修，而检测探头采取定期更换维修方式，本章主要是针对燃驱压缩机发生故障后，以经济效益最大化这一目标，进行维修方式决策研究。

5.5　小结

本章首先介绍了以可靠性为中心的设备维修方式，详细分析了复杂装备燃驱压缩机子设备的故障模式。针对具有多种故障模式的设备采取逻辑决策图的维修方式决策不能有效解决设备维修问题，采取双层模糊综合评价的维修方式决策模型，使得决策分析的结果更加与现场实际相符，能够有效地指导燃驱压缩机组设备的维修方式决策。

第六章　基于模糊 D-S 理论的复杂装备 维修方案决策方法

6.1　问题描述

装备制造业是国民经济的主体，随着信息技术的进一步发展，现代装备日趋精密，已成为结构复杂、功能强大的复杂装备系统。由于设备状态随运行时间累积呈现一种不可逆的退化过程，维修活动是保证装备可靠、安全运行的重要手段，同时维修支出也已成为企业生产成本的重要组成部分。大量研究表明，复杂装备维修决策问题是造成企业生产效率低下、工期延误、成本超支的重要原因之一，已是生产管理活动中不容忽视的重要因素，对企业生产计划、库存控制、战略决策的制定均具有重要影响。因此，合理有效地进行维修决策，系统地研究维修活动与可靠性、安全性、经济性之间的关系，对进一步提高装备运行可靠性，增加生产计划成功率具有重要的理论和现实意义。

目前，关于装备维修方案决策问题的研究，大致可以分为如下几类：第一类，采用目标优化方法，Velmurugan 和 Dhingra（2015）采用逻辑决策图分析维修过程，进行以可靠性最大化为目标维修策略研究，Pandey 等（2013）详细分析了维修费用的计算方法，通过 DE（Differential Evolution）算法以装备可靠性最大进行优化决策，Liu 和 Huang（2009）引入 Kijima II 类模型，构建以任务完成率为目标，以维修费用为约束的非线性规划维修决策问题，并通过遗传算法对多状态复杂系统维修问题进行了优化求解。此类方法，步骤明晰，应用方便，但只分析了与维修方案决策相关的部分影响因素，忽略了决策者主观偏好等问题。第二类主要是通过构建维修方案决策评价体系，采用多属性决策方法，如层次分析（AHP）、理想解法（TOPSIS）、DEMATEL 等进行设备维修方案决策：Bevilacqua 和 Braglia（2000）对炼油厂设备进行 FMECA 分析，考虑五种维修决策（预防、预测、计划、改善、更换），运用 AHP 方法寻求最优维修决策方案。Bertolini 和 Bevilacqua（2006）考虑部件故障发生率、严重程度、可检测性等影响参数，采用 AHP 方法结合分层目标规划分析了离心泵的最优维修方案。Wang 等（2007）针对维修决策者评估信息不确定性和模糊性，构造一种新的模糊判断矩阵，运用 F-AHP 方法进行了维修方案的选择。Xie 等（2013）针对变压器维修方案决策问题，提出一种新的 FAHP 方法，通过与 AHP 方法相比较，验证了所提方法的相对优越性。Ding 等（2014）考虑预测维修、预防维修、改善维修策略，分别以系统维修费用最小化、提高装备系统可靠性、改善装备系统性能状态为目标，通过 TOPSIS 方法构建最优维修方案模型。Aghaee 和 Fazli（2012）通过分析维修方案的影响因素，构建评价指标体系，着重分析指标之间的相互关系，结合 DEMATEL 方法进行了维修方案优化的研究。Ahmadi 等（2010）在飞机维修活动中，运用 AHP 方法评估维修属性的权重，分别用 VOKOR、TOPSIS、收益—成本率方法对维修决策方案进行排序，并就几种方法的优势和缺点进行了比较。此类方法能够全面综合的评估装备维修方案决策问题，也进一步揭示了影响维修方案决策的来源，有利于维修方案决策的管理与控制。但该类研究仍有值得改进的地方：由于复杂装备结构复杂、功能繁多、技术更新快，不同角度的理解差异性较大，因此现有的维修方案评价指标体系普适性不强；复杂装备维修活动需要不同领域的专业人员相互配合，专家给出的评估信息受经验和主观偏好影响而带有较强的不确定性和模糊性；另外指标权重的评判标准难以统一界定，需进一步考虑权重结果的可靠性。

基于已有文献，本书将进行如下研究。首先在梳理文献的基础上构建维修方案评估的初始指标体系，通过咨询专家和车间维修人员的意见和建议，进一步完善和修改评估指标体系，提高了指标的适用性。运用结构熵权法确定指标权重，结构熵权法是一种主观赋权与客观赋权相结合的权重确定方法。结合直觉模糊集，运用改进后的证据理论，构建模糊判断矩阵，改进的证据合成方法能够有效提高评估结果的可靠性。最后结合课题组横向课题进行了算例分析。

6.2　装备维修方案评估指标体系

维修活动可保障装备及其组件在规定时间内完成规定生产任务。装备故障发生后，考虑到不同故障设备单元对装备性能的效果不同，任务需求对设备可靠性和可用度需求各异。因此，企业在进行维修决策时，通常会考虑多个维修目标如经济性、安全性等，这些维修目标的优劣排序会产生不同的维修方式。目前企业常用的装备维修方式主要有事后维修、视情维修、计划维修及预测维修等。

事后维修也称为故障后维修。其主要是在组件失效后发生故障才维修，在装备运行的其他时间段不采取维修，降低对设备运行的干扰。早期工业生产中基本采取此类维修方式，企业在利润较高的时期采取事后维修。然而，若完全实施事后维修，装备的突发故障会对人员、环境、设备等造成巨额损失。随着竞争加剧和企业利润率的不断降低，维修工作人员开始探索更为经济和可靠的维修方式。

计划维修，也称为定期预防维修（Time-based Preventive Maintenance，TBPM），通常是隔一段时间，根据历史统计资料和维修经验，维修人员制定维修计划。但由于现代装备小批量、多品种的特性，导致缺少足够的历史数据，要得到准确的维修时间间隔较难。计划维修会导致维修过剩的情况，即装备及组件还有大量剩余寿命就被维修。

视情维修（Condition-based Maintenance，CBM）是指通过监测装备及其组件的性能状态，当被监控的状态参数低到某一值时，对其进行维修。由于检测技术的发展如激光检测、振动检测、油液分析等，此类维修方式得到广泛运用。

预测维修，在许多文献中，将预测维修认定为视情维修，而本书所指的预测维修与视情维修不同，不仅需要对装备及其元件在服役阶段的状态进行监测，而且还需对组件状态的劣化过程进行分析。基于此，许多学者提出性能退化信息的预测算法，并应用到装备的预测维修中。

值得注意的是，并非技术先进的维修方式更具有优势，例如装备工作环境突然发生变化，强烈的冲击损伤使系统故障的发生不可避免，此类情况下对于已经发生故障的装备系统只能采取事后维修方法。因此，一个合理的维修方案应是为不同组件实施各异的维修方式，在保障装备运行可靠性的同时，也使得维修费用在一个适当的范围之内。

经过系统分析装备维修决策特征，结合已有研究、现有的评价指标体系，充分咨询专家建议，构建并完善了维修方案的评价准则及指标。依据上述过程，本书构建出包括装备复杂性、可维修性、经济性及监测性四个部分的评价指标体系。具体指标见表6-1。

表6-1 装备维修备选方案评价指标体系

序号	准则	指标
1	装备复杂性	组成结构
		功能数量
		技术创新程度
2	可维修性	维修难易程度
		备件供应情况
		维修人员技术水平
3	经济性	装备原值
		停机损失
		维修费用
		设备役龄
4	监测性	监测参数数量
		监测设备数量
		监测技术水平
		数据处理能力

6.3　基于D-S理论和TOPSIS方法的维修方案评价

在装备维修方案的优化决策中，维修决策人员依据方案评价指标的评估值选择最佳维修方案，维修方案可以简单地以如下形式表示：由指标构成的集合为 $C=\{c_1,c_2,\cdots,c_n\}$，维修备选方案的集合为 $A=\{a_1,a_2,\cdots,a_m\}$。采用直觉模糊数描述专家对维修备选方案 a_i 关于指标 c_i 的评语，通过此方法可获得备选维修方案的模糊决策矩阵。接下来，本书将介绍证据理论合成规则的改进步骤及直觉模糊集的相关概念。

定义 6.1　设 X 为非空集合，若 $\mu(x):X\to[0,1]$ 和 $\nu(x):X\to[0,1]$ 分别为 X 中元素 x 属于 A 的隶属度和非隶属度，则称 $A=\left\{\langle x,\mu(x),\nu(x)\rangle\big|x\in X\right\}$ 为直觉模糊集（IFS），且满足条件：$0\leqslant\mu(x)+\nu(x)\leqslant1$，$\pi(x)=1-\mu(x)-\nu(x)$ 表示 X 中元素 x 属于 A 的犹豫度或不确定度，也称其为集合 X 中元素 x 属于 A 的直觉指标。

6.4　修正专家权重和证据合成规则

6.4.1　基于结构熵权的指标权重方法

结构熵权法是一种新的确定评价指标体系权重方法，由程启月提出。该方法是一种定量和定性分析相结合的权重计算形式，充分发挥了主观赋权法和客观赋权法的优势。它是将模糊分析法与 Delphi 专家调查法相结合，首先形成典型排序表；其次是盲度分析，主要是通过熵理论对典型排序表进行定量分析；最后通过归一化权得到各指标的权重系数。此方法既可以提高维修方案评价权重确定效率，也提高权重结果的可靠性。

6.4.2　改进的证据合成规则

证据理论是由 Demspter（1967）提出，Shafer（1978）进一步发展的一种能够处理不确定信息的理论，也称为 D-S 证据理论。然而，该方法在实际应用中存在一些不足，在具有冲突的证据合成过程中，合成结果与直觉相悖。因此，有必要对证据理论合成规则进行修正。本书基于证据间距离公式，得到证据相似度及证据相对可信度概念，对于证据相似度较高的证据赋予较高的权重，实现对原始证据理论模型的改进；同时对于焦元信息确定性的问题进行研究，基于焦元识别一致性修改证据合成规则进而解决证据冲突问题。接下来给出证据相对可信度的定义（Jousselme 等，2001）。

定义 6.2　设 Θ 为一识别框架，若对于集函数 m 满足条件：$m(\phi) = 0$、$\sum_{A \subseteq \Theta} m(A) = 1$，则 m 为框架 Θ 下 $2^{\Theta} \to [0,1]$ 的一个基本概率分配函数。

定义 6.3　设 $m_1, m_2, \cdots, m_n$ 为识别框架 Θ 的 n 个证据，则其 D-S 合成规则为：

$$(m_1 \oplus m_2 \oplus \cdots \oplus m_n)(A) = \begin{cases} 0 & A = \phi \\ \left. \sum_{\cap A_i = A} \prod_{i=1}^{n} m_i(A_i) \middle/ \left(1 - \sum_{\cap A_i = \phi} \prod_{i=1}^{n} m_i(A_i)\right) \right. & A \neq \phi \end{cases} \qquad (6\text{-}1)$$

定义 6.4　设 m_1, m_2 同一识别框架 Θ 下的两个证据，$|\Theta| = N$，$2^{\Theta} = \left\{ A_i \middle| i = 1, 2, \cdots, 2^N \right\}$，证据 m_1、m_2 之间距离为：

$$d(m_1, m_2) = \sqrt{(M_1 - M_2)^T D (M_1 - M_2) / 2} \qquad (6\text{-}2)$$

式中 $M_k = [m_k(A_1), m_k(A_2), \cdots, m_k(A_{2^N})]^T$ $k = 1, 2$；$D = (D_{ij})$ 为一个 $2^N \times 2^N$ 的矩阵

$$D_{ij} = \left| A_i \cap A_j \right| / \left| A_i \cup A_j \right| \ i, j = 1, 2, \cdots, 2^N \ 。$$

定义 6.5　设 $m_1, m_2, \cdots, m_n$ 为同一识别框架 Θ 的 n 个证据，$Sup(m_i)$ 为证据 m_i 被其它证据的支持程度：

$$Sup(m_i) = \sum_{j=1, j \neq i}^{n} sim(m_i, m_j) \qquad (6\text{-}3)$$

其中 $sim(m_i, m_j)$ 为证据 m_i, m_j 的相似程度，由 $sim(m_i, m_j) = 1 - d(m_1, m_2)$ 得到。

定义 6.6 设 $m_1, m_2, \cdots, m_n$ 为同一识别框架 Θ 的 n 个证据，$Sup(m_i)$ 为证据 m_i 被其它证据支持的程度，则证据 m_i 的绝对可信度为：

$$Crd(m_i) = \frac{Sup(m_i)}{\max\limits_{1 \leqslant j \leqslant n}[Sup(m_j)]} \qquad (6\text{-}4)$$

由证据之间的绝对可信度定义证据 m_i 的相对可信度：

$$Crd'(m_i) = Crd(m_i) \bigg/ \sum_{j=1}^{n} Crd(m_j) \qquad (6\text{-}5)$$

由证据间距离公式，可以得到证据间的相似度，证据相似度越大，说明证据被其他证据支持的程度越高，说明此证据较为可信，对可信度高的证据赋予更大的权重，由此可修改原始证据理论模型，具体修改过程如公式（6-6）：

$$m'(A) = \begin{cases} Crd'(m_i) \cdot m_i(A), & A \neq \Theta \\ 1 - \sum\limits_{B \subseteq \Theta} Crd'(m_i) \cdot m_i(A), & A = \Theta \end{cases} \qquad (6\text{-}6)$$

对于修正后的证据模型，若证据关于焦元 A 的相对可信度越高，说明焦元 A 中所含的确定性信息越多，则对于识别框架 Θ 提供的不确定信息越少，因此可以减少相对可信度较小的证据对合成的影响。

定义 6.7 设 m_1, m_2 为同一识别框架 Θ 下的两个证据，$|\Theta| = N$ $2^{\Theta} = \left\{ A_i \middle| i = 1, 2, \cdots, 2^N \right\}$ 证据集 $M = \{m_i | i = 1, 2, \cdots, n\}$ 关于焦元 A_j 识别标准偏差为：

$$Dev(A_j) = \sqrt{\frac{1}{n-1} \sum_{i=1}^{n} ((m_i(A_j) - Ave(A_j))^2} \bigg/ Avg(A_j) \qquad (6\text{-}7)$$

$Avg(A_j) = \sum\limits_{i=1}^{n} m_i(A_j) \bigg/ n$ 为证据集 M 关于焦元 A_j 的识别平均值。

证据集对焦元信息识别的标准差与焦元识别一致性是一对相反的概念，当识别标准差值较小时，证据集 M 对焦元 A_j 的识别一致性反而较高，因此结合标准差公式采用数学归一化方法得到关于焦元 A_j 的识别一致性公式：

$$Con(A_j) = 1 - Dev(A_j) \bigg/ \sqrt{\sum_{i=1}^{2^N} (Dev(A_j))^2} \qquad (6\text{-}8)$$

$$Con'(A_j) = Con(A_j) \bigg/ \sum_{j=1}^{n} Con(A_j) \qquad (6\text{-}9)$$

通过不同证据关于焦元信息的识别一致性公式，得到证据冲突的权重分配为：

$$w(A) = \sum_{i=1}^{n} Con'(A)m_i(A) \qquad (6\text{-}10)$$

定义 6.8 假设 $M = \{m_i | i = 1, 2, \cdots, n\}$ 表示同一识别框架 Θ 的 n 个证据，修改后的证据理论合成规则为：

$$m(A) = \begin{cases} 0, & A = \phi \\ \sum_{\cap A_i = A} \prod_{1 \leqslant j \leqslant n} m'_j(A_i) + K' \cdot w(A) & A \neq \phi \end{cases} \qquad (6\text{-}11)$$

其中 $K' = \sum_{\cap A_i = \phi} \prod_{1 \leqslant j \leqslant n} m'_j(A_i)$ 为修正后的证据总冲突。

6.4.3 装备维修方案决策

用 $X = \{x_i | i = 1, \cdots, n\}$ 表示装备维修方案，维修方案评价指标为 $C = \{c_j | j = 1, \cdots, m\}$，评估专家 $D = \{d_t | t = 1, \cdots, k\}$，其中 $k \geqslant 2$，专家评语集 $E = \{e_l | l = 1, 2, 3\}$ 表示评估指标在方案 x_i 下的实现程度。将决策问题进行转换，设 $m_1, m_2, \cdots m_k$ 为同一识别框架下的 k 条证据，$2^\Theta = \{A(e_l) | l = 1, 2, 3\}$，则评估专家 d_t 对维修方案 X 关于指标 C 的初始模糊决策矩阵为 F_{ij}^t：

$$F_{ij}^t = \begin{array}{c} x_1 \\ \vdots \\ x_i \\ \vdots \\ x_n \end{array} \begin{bmatrix} [m_{11}^t(e_1) & m_{11}^t(e_2) & m_{11}^t(e_3)] & \cdots & [m_{1j}^t(e_1) & m_{1j}^t(e_2) & m_{1j}^t(e_3)] & \cdots & [m_{1m}^t(e_1) & m_{1m}^t(e_2) & m_{1m}^t(e_3)] \\ \vdots & \vdots & \vdots & & \vdots & \vdots & \vdots & & \vdots & \vdots & \vdots \\ [m_{i1}^t(e_1) & m_{i1}^t(e_2) & m_{i1}^t(e_3)] & \cdots & [m_{ij}^t(e_1) & m_{ij}^t(e_2) & m_{ij}^t(e_3)] & \cdots & [m_{im}^t(e_1) & m_{im}^t(e_2) & m_{im}^t(e_3)] \\ \vdots & \vdots & \vdots & & \vdots & \vdots & \vdots & & \vdots & \vdots & \vdots \\ [m_{n1}^t(e_1) & m_{n1}^t(e_2) & m_{n1}^t(e_3)] & \cdots & [m_{nj}^t(e_1) & m_{nj}^t(e_2) & m_{nj}^t(e_3)] & \cdots & [m_{nm}^t(e_1) & m_{nm}^t(e_1) & m_{nm}^t(e_1)] \end{bmatrix}$$

$$(6\text{-}12)$$

形成初始模糊评价矩阵后，运用本书所提证据合成规则对评价矩阵进行专家信息的合成。在此过程中，通过可信度对证据权重进行修正，由关于焦元的识别一致性分配评价信息冲突，从而解决证据合成中的冲突问题。合成后的模糊评价矩阵为：

$$F_{ij}^{'} = \begin{array}{c} x_1 \\ \vdots \\ x_i \\ \vdots \\ x_n \end{array} \begin{bmatrix} [m_{11}'(e_1) & m_{11}'(e_2) & m_{11}'(e_3)] & \cdots & [m_{1j}'(e_1) & m_{1j}'(e_2) & m_{1j}'(e_3)] & \cdots & [m_{1m}'(e_1) & m_{1m}'(e_2) & m_{1m}'(e_3)] \\ \vdots & \vdots & \vdots & \vdots & \vdots & \vdots & & \vdots & \vdots & \vdots \\ [m_{i1}'(e_1) & m_{i1}'(e_2) & m_{i1}'(e_3)] & \cdots & [m_{ij}'(e_1) & m_{ij}'(e_2) & m_{ij}'(e_3)] & \cdots & [m_{im}'(e_1) & m_{im}'(e_2) & m_{im}'(e_3)] \\ \vdots & \vdots & \vdots & \vdots & \vdots & \vdots & & \vdots & \vdots & \vdots \\ [m_{n1}'(e_1) & m_{n1}'(e_2) & m_{n1}'(e_3)] & \cdots & [m_{nj}'(e_1) & m_{nj}'(e_2) & m_{nj}'(e_3)] & \cdots & [m_{nm}'(e_1) & m_{nm}'(e_1) & m_{nm}'(e_1)] \end{bmatrix}$$

（6-13）

直觉模糊数与区间模糊数在进行运算时具有一致性（Dubois 等，2005），因此将直觉模糊集转换为由指标信任区间组成的区间模糊数进行运算，然后由主客观赋权相结合的结构熵权法对评估指标赋权，形成包含权重的区间模型信息评价矩阵。依据模糊 TOPSIS 方法获得模糊正、负理想解，模糊正理想解是指方案中每一评估指标值中最大值的集合；模糊负理想解是指方案中每一评估指标值中最小值的集合：

$$A^+ = \{a_j^{+l}, a_j^{+u}\} = \{(\max_i a_{ij} \mid j \in I'), (\min_i a_{ij} \mid j \in I'')\} \tag{6-14}$$

$$A^- = \{a_j^{-l}, a_j^{-u}\} = \{(\min_i a_{ij} \mid j \in I'), (\max_i a_{ij} \mid j \in I'')\} \tag{6-15}$$

式中 $i = 1, \cdots, m$；I' 为收益性指标；I'' 为成本性指标。

接着计算各备选维修方案与模糊正、负理想解之间的距离：

$$S_i^+ = \sum_{j=1}^n d(a_{ij}, a_j^+) = \sqrt{\sum_{j=1}^n [(a_{ij}^l - a_j^{+l})^2 + (a_{ij}^u - a_j^{+u})^2]} \tag{6-16}$$

$$S_i^- = \sum_{j=1}^n d(a_{ij}, a_j^-) = \sqrt{\sum_{j=1}^n [(a_{ij}^l - a_j^{-l})^2 + (a_{ij}^u - a_j^{-u})^2]} \tag{6-17}$$

各方案与理想解的贴进度：

$$C_i = S_i^- / (S_i^- + S_i^+) \tag{6-18}$$

由 C_i 的大小确定方案的优劣。

6.5 算例分析

本书以课题组与某公司关于产品质量及可靠性的横向合作项目为基础进行算例分析，课题研究了统计过程控制方案及稳定性预警技术，以提供数据处理及分析功能，对现有 SPC 系统进行改进与升级，将其由一个出具质量报表的线下分析工具，变成一个提供质量过程监控、分析、预警、诊断、维护、改进一整套质量流程解决方案的辅助质量决策系统，使其成为一个提供一整套质量在线解决方案的综合系统。公司为保证某车间 8 台主机及辅助设备的可靠性运行，降低装备的突发故障，对这些设备的维护工作高度重视，但目前的维修方式所达到的效果并不能让管理层十分满意，希望在维修费用增加不大基础上，改善设备的维修效果。因此，维修工程人员尝试针对不同装备及其组件选择最恰当的维修方式。在算例分析中，采用本章所提改进的证据合成规则及 TOPSIS 方法进行维修方案优化决策。

将装备维修方案评价指标体系记为 $C = \{C_1, C_2, C_3, C_4\} = \{(c_{11}, c_{12}, c_{13}), (c_{21}, c_{22}, c_{23}), (c_{31}, c_{32}, c_{33}, c_{34}), (c_{41}, c_{42}, c_{43}, c_{44})\}$，评语集 $E = \{e_l | l = 1, 2, 3\}$ 表示专家对评估指标在方案 x_i 下的性能实现程度的估计。下面对维修方案进行评价。

首先，运用专家调查法，构建出备选维修方案的指标排序表，通过前文所提结构熵权法获得备选维修方案所有指标的权重，分别记为 w、w_1、w_2、w_3、w_4。根据公司组成的维修专家组成员 9 人，随机分为 3 组，各组经过讨论给出的指标排序的判断矩阵如表 6-2 所示。经过上述步骤计算得到的备选维修方案各级指标权重分别为：

$w = (0.448, 0.278, 0.106, 0.168)$，$w_1 = (0.635, 0.148, 0.217)$，

$w_3 = (0.269, 0.332, 0.243, 0.156)$，$w_2 = (0.216, 0.657, 0.127)$，

$w_4 = (0.264, 0.364, 0.233, 0.157)$。

表6-2　备选维修方案指标排序表

指标	专家组1	专家组2	专家组3	认知度	权重
C_1	1	1	1	1	0.448
C_2	2	2	2	0.664	0.278
C_3	3	3	2	0.432	0.106
C_4	2	2	3	0.573	0.168
c_{11}	1	1	1	1	0.635
c_{12}	2	3	3	0.683	0.148
c_{13}	2	2	3	0.742	0.217
c_{21}	2	2	1	0.906	0.216
c_{22}	1	1	1	1	0.657
c_{23}	3	2	3	0.786	0.127
c_{31}	1	2	1	0.864	0.269
c_{32}	1	1	2	0.932	0.332
c_{33}	2	2	3	0.724	0.243
c_{34}	3	2	3	0.466	0.156
c_{41}	2	3	2	0.772	0.264
c_{42}	1	1	1	1	0.346
c_{43}	2	2	3	0.772	0.233
c_{44}	2	3	3	0.660	0.157

假设维修评估专家组 $D=\{d_1,d_2,d_3\}$，备选的维修方案集为 $X=\{x_1,x_2,x_3\}$。专家组 D 通过分析现有调查资料，结合自己专业知识、经验及主管偏好，对备选维修决策方案集 X 所有二级指标的初始评估值如表 6-3、6-4、6-5 所示：

表6-3 专家d_1对备选维修方案的评价矩阵

指标	专家 d_1		
	x_1	x_2	x_3
c_{11}	(0.65,0.25,0.10)	(0.70,0.20,0.10)	(0.70,0.25,0.05)
c_{12}	(0.70,0.20,0.10)	(0.65,0.25,0.10)	(0.85,0.05,0.10)
c_{13}	(0.85,0.10,0.05)	(0.20,0.70,0.10)	(0.65,0.20,0.05)
c_{21}	(0.60,035,0.05)	(0.65,0.25,0.10)	(0.80,0.15,0.05)
c_{22}	(0.65,0.30,0.05)	(0.70,0.20,0.10)	(0.60,0.35,0.05)
c_{23}	(0.65,0.30,0.05)	(0.65,0.25,0.10)	(0.75,0.20,0.05)
c_{31}	(0.60,0.30,0.10)	(0.60,0.35,0.05)	(0.60,0.30,0.10)
c_{32}	(0.75,0.15,0.10)	(0.80,0.15,0.10)	(0.65,0.25,0.10)
c_{33}	(0.55,0.35,0.10)	(0.65,0.25,.010,)	(0.75,0.15,0.10)
c_{34}	(0.75,0.20,0.05)	(0.55,0.35,0.10)	(0.60,0.30,0.10)
c_{41}	(0.65,0.30,0.05)	(0.65,0.25,0.10)	(0.70,0.25,0.05)
c_{42}	(0.65,0.30,0.05)	(0.70,0.20,0.10)	(0.60,0.35,0.05)
c_{43}	(0.60,0.30,0.10)	(0.60,0.30,0.10)	(0.60,0.35,0.05)
c_{44}	(0.75,0.15,0.10)	(0.65,0.25,0.10)	(0.80,0.15,0.10)

表6-4 专家d_2对备选维修方案的评价矩阵

指标	专家 d_2		
	x_1	x_2	x_3
c_{11}	(0.60,0.30,0.10)	(0.60,0.35,0.05)	(0.60,0.30,0.10)
c_{12}	(0.65,0.25,0.10)	(0.80,0.15,0.10)	(0.75,0.15,0.10)
c_{13}	(0.75,0.15,0.10)	(0.65,0.25,.010)	(0.55,0.35,0.10)
c_{21}	(0.60,0.30,0.10)	(0.55,0.35,0.10)	(0.75,0.20,0.05)
c_{22}	(0.70,0.25,0.05)	(0.65,0.25,0.10)	(0.65,0.30,0.05)
c_{23}	(0.60,0.35,0.05)	(0.70,0.20,0.10)	(0.65,0.30,0.05)
c_{31}	(0.70,0.25,0.05)	(0.70,0.20,0.10)	(0.65,0.25,0.10)

续表

指标	专家 d_2		
	x_1	x_2	x_3
c_{32}	(0.85,0.05,0.10)	(0.65,0.25,0.10)	(0.70,0.20,0.10)
c_{33}	(0.65,0.20,0.05)	(0.20,0.70,0.10)	(0.85,0.10,0.05)
c_{34}	(0.80,0.15,0.05)	(0.65,0.25,0.10)	(0.60,035,0.05)
c_{41}	(0.60,0.35,0.05)	(0.70,0.20,0.10)	(0.65,0.30,0.05)
c_{42}	(0.75,0.20,0.05)	(0.65,0.25,0.10)	(0.65,0.30,0.05)
c_{43}	(0.70,0.25,0.05)	(0.65,0.25,0.10)	(0.60,0.35,0.05)
c_{44}	(0.85,0.05,0.10)	(0.70,0.20,0.10)	(0.80,0.15,0.10)

表6-5　专家 d_3 对备选维修方案的评价矩阵

指标	专家 d_3		
	x_1	x_2	x_3
c_{11}	(0.55,0.35,0.10)	(0.70,0.25,0.05)	(0.70,0.20,0.10)
c_{12}	(0.65,0.30,0.05)	(0.70,0.20,0.10)	(0.70,0.20,0.10)
c_{13}	(0.65,0.25,0.10)	(0.80,0.15,0.05)	(0.70,0.20,0.05)
c_{21}	(0.75,0.15,0.10)	(0.65,0.30,0.05)	(0.70,0.20,0.10)
c_{22}	(0.60,0.30,0.10)	(0.65,0.30,0.05)	(0.70,0.25,0.05)
c_{23}	(0.70,0.25,0.05)	(0.75,0.20,0.05)	(0.80,0.15,0.05)
c_{31}	(0.75,0.15,0.10)	(0.75,0.20,0.05)	(0.65,0.25,0.10)
c_{32}	(0.60,0.30,0.10)	(0.65,0.30,0.05)	(0.70,0.20,0.10)
c_{33}	(0.70,0.25,0.05)	(0.65,0.30,0.05)	(0.70,0.20,0.10)
c_{34}	(0.60,0.35,0.05)	(0.65,0.25,0.10)	(0.65,0.25,0.10)
c_{41}	(0.70,0.25,0.05)	(0.70,0.20,0.10)	(0.20,0.70,0.10)
c_{42}	(0.85,0.05,0.10)	(0.85,0.10,0.05)	(0.65,0.25,0.10)
c_{43}	(0.75,0.20,0.05)	(0.65,0.30,0.05)	(0.65,0.25,0.10)
c_{44}	(0.65,0.30,0.05)	(0.75,0.20,0.05)	(0.75,0.15,0.10)

借助修正后的证据合成规则，采用 Matlab 软件，对维修方案评估专家的模糊评价信息按照备选维修方案指标进行信息合成，得到的决策矩阵见表6-6。

表6-6 专家评估信息合成决策矩阵

指标	专家 D		
	x_1	x_2	x_3
c_{11}	(0.6238,0.381,0.0132)	(0.6824,0.2995,0.0181)	(0.6874,0.2992,0.0134)
c_{12}	(0.7431,0.2436,0.0133)	(0.7402,02446,0.0152)	(0.8029,0.1732,0.0176)
c_{13}	(0.7685,0.2124,0.0191)	(0.5834,0.4021,0.0145)	(0.6627,0.3324,0.0049)
c_{21}	(0.6346,0.3528,0.0126)	(0.6268,0.3583,0.0149)	(0.7843,0.2001,0.0156)
c_{22}	(0.6547,0.3292,0.0161)	(0.6652,0.3185,0.0163)	(0.6471,0.3384,0.0145)
c_{23}	(0.6642,0.3217,0.0141)	(0.6795,0.3076,0.0129)	(0.7946,0.1927,0.0127)
c_{31}	(0.6627,0.3324,0.0049)	(0.7685,0.2124,0.0191)	(0.7843,0.2001,0.0156)
c_{32}	(0.7843,0.2001,0.0156)	(0.6346,0.3528,0.0126)	(0.6268,0.3583,0.0149)
c_{33}	(0.6471,0.3384,0.0145)	(0.6547,0.3292,0.0161)	(0.6652,0.3185,0.0163)
c_{34}	(0.6642,0.3217,0.0141)	(0.7843,0.2001,0.0156)	(0.7431,0.2436,0.0133)
c_{41}	(0.6627,0.3324,0.0049)	(0.6471,0.3384,0.0145)	(0.7685,0.2124,0.0191)
c_{23}	(0.6642,0.3217,0.0141)	(0.6795,0.3076,0.0129)	(0.7946,0.1927,0.0127)
c_{42}	(0.7843,0.2001,0.0156)	(0.7946,0.1927,0.0127)	(0.6346,0.3528,0.0126)
c_{43}	(0.6547,0.3292,0.0161)	(0.6652,0.3185,0.0163)	(0.6471,0.3384,0.0145)
c_{44}	(0.6642,0.3217,0.0141)	(0.6795,0.3076,0.0129)	(0.7946,0.1927,0.0127)

将综合专家信息的直觉模糊评估矩阵，按照不同评估指标的信任区间进行转化，形成包含专家信息的区间模糊评估矩阵，结合由结构熵权法得出的指标权重，最后形成加权模糊评估矩阵。

表6-7　区间模糊决策矩阵

指标	专家 D		
	x_1	x_2	x_3
c_{11}	(0.1298,0.1315)	(0.1436,0.1457)	(0.1438,0.1462)
c_{12}	(0.1248,0.1269)	(0.1244,0.1268)	(0.1359,0.1379)
c_{13}	(0.1083,0.1121)	(0.0875,0.0897)	(0.0994,0.1001)
c_{21}	(0.1342,0.1369)	(0.1335,0.1367)	(0.1371,0.1404)
c_{22}	(0.1087,0.1098)	(0.1124,0.1141)	(0.1074,0.1093)
c_{23}	(0.0631,0.0644)	(0.0646,0.0658)	(0.0755,0.0767)
c_{31}	(0.1324,0.1341)	(0.1248,0.1269)	(0.1271,0.1304)
c_{32}	(0.1286,0.1296)	(0.1339,0.1369)	(0.1298,0.1315)
c_{33}	(0.1244,0.1268)	(0.1438,0.1462)	(0.0631,0.0644)
c_{34}	(0.1371,0.1404)	(0.1083,0.1121)	(0.1091,0.1131)
c_{41}	(0.1283,0.1221)	(0.1224,0.1241)	(0.1342,0.1369)
c_{42}	(0.0894,0.0921)	(0.0891,0.0931)	(0.0875,0.0897)
c_{43}	(0.1242,0.1269)	(0.1235,0.1267)	(0.1271,0.1304)
c_{44}	(0.1183,0.1221)	(0.1275,0.1297)	(0.1294,0.1311)

通过对比专家的模糊评价信息及运用证据理论合成的模糊决策矩阵，可以看出分别对证据分配函数和焦元信息进行改进的证据合成规则在进行专家信息综合时具有较好的聚焦性，能够很好地解决专家冲突信息的合成，例如方案 x_2 中 c_{13} 指标不同专家评估信息存在冲突时，通过改进后的证据理论仍可获得较好的合成结果。因此，针对证据原始模型及证据关于焦元信息存在冲突情形下的证据理论改进是可靠且有效的。

最后通过模糊 TOPSIS 方法进行装备维修方案筛选，首先通过公式求得所有备选维修方案评估指标 C 的模糊正、负理想解，然后由公式（6-16）、（6-17）得到装备维修方案与模糊正负理想解之间的距离。由贴近度公式计算出备选维修方案与理想解的贴近度值为：C_1=0.513，C_2=0.326，C_3=0.694。方案决策的优选关系为：$C_3 > C_1 > C_2$，即备选方案 x_3 为最优维修决策方案。借助课题实践算例分析表明主观赋权和客观赋权相结合的结构熵权法能够很好地计算维修方案基础指标的权重，也体现了改进的证据合成规则在解决专家冲突信息的有效性。

6.6　小结

在复杂装备维修方案的优化决策中，方案中指标信息的不确定性、冲突性、决策者主观经验偏好性等问题的处理是本章研究的关注重点，直觉模糊集可以很好地描述信息的不确定性，运用改进的证据理论可以有效处理专家决策的主观偏好及冲突性问题，在此基础上构建了模糊决策矩阵，通过主观赋权和客观赋权相结合的结构熵权法获得决策指标权重，所建模型能够有效处理方案中的不确定性，最后采取模糊 TOPSIS 方法进行装备维修方案的选择。通过实际课题中的算例，表明改进的证据合成规则与模糊 TOPSIS 相结合的方法具有较好的实用性。

第七章　结论与研究展望

　　装备制造业是国民经济转型发展的重要支柱产业，其中复杂装备是先进制造业的重要载体。此外，随着新一代信息技术的快速发展，"云大物移智"等新兴信息技术与装备制造业深度融合，使得装备制造产业产生了深远的变革，基于信息物理系统的复杂装备不断涌现，经济全球化背景下使得复杂装备在全球各个地方运行，这对装备的运行维护带来困难和挑战。然而长期以来我国装备制造业对复杂装备的维护服务不够重视，因此有必要对复杂装备运行过程中的可靠性、维护、维修等过程进行研究分析，进而优化服务能力，发展出以保障复杂装备可靠性为核心的高附加值业务，而这将成为促进我国装备制造业转型升级、迈向产业高端的重要途径。

　　复杂装备结构复杂、技术种类繁多、专业性强，不同零部件、不同功能之间关系复杂，耦合性高。正是因此类复杂装备运行过程具有非线性、不确定性、随机性等特点，导致装备容易出现故障，这些复杂装备一旦停止运行，出现故障，预期目标、任务都不能在规定时间内完成，通常会造成巨大的经济损失，甚至产生灾难性后果。因此，有必要提高复杂装备的可靠性和可维修性，这不仅可节约复杂装备整个生命周期的维护成本，也可以进一步丰富复杂装备运行过程可靠性控制理论和维修决策技术方法。基于经济现实需要和丰富可靠性理论的考量，本书深入分析了复杂装备可靠性和维修决策，并得到一些经过验证的结论。

7.1 主要研究结论

随着装备功能多元化，系统结构复杂化，复杂装备的可靠性、可用性及维修性等问题日益突出。可靠性作为保障现代复杂装备自主创新能力和核心竞争力的共性关键技术与基础性问题，已经引起科研院所和企业的广泛关注。装备可靠性问题经过多年的研究，已经形成科学完善的系统理论，为装备维护提供了良好的技术支撑。然而，随着装备日益复杂化、精密化、智能化，同时面对着复杂多变的加工任务，技术熟练程度各异的操作人员，动态不确定的生产环境，不仅需要装备系统具有很高的可靠性、稳定性，而且以事后维修、计划维修为典型的传统维修方式难以满足设备需求，因此需要进一步研究以丰富高端装备可靠性理论。本书针对装备系统服役阶段的可靠性和维修性两方面问题，从不同视角对装备运行过程可靠性分析及维修决策方法进行了深入的探讨，主要研究工作如下：

详细介绍了复杂装备运行过程可靠性分析及维修决策的研究背景和意义，围绕复杂装备可靠性特征、可靠性研究方法和维修优化建模等方面进行了本研究的理论综述，为复杂装备运行过程中的可靠性分析及维修决策研究奠定了理论基础。

提出了复杂装备广义可靠性概念，在结合 GERT 网络以往研究及复杂装备系统结构的基础上，构建了基于元件可靠性的复杂装备 GERT 网络模型，并分析了串联结构、并联结构、混联结构的 GERT 网络模型的基本特征，设计了可靠性水平影响参数 ς_i 用于判别子系统 i 对装备整体的影响程度，也定义了对影响复杂装备子系统 i 性能水平的综合因子 γ_i，为复杂装备可靠性分析提供新的研究工具。

由于现代装备结构日益复杂、功能日益强大，频繁停机整修是不现实的，维修决策人员通常会采取更换维修方式。在介绍元件退化过程的综合重要度公式基础上，结合元件采用更换维修的更新寿命分布函数及 Griffith 重要度公式，形成了全寿命周期的综合重要度计算方法；分析了元件寿命和维修时间服从指数分布时，全寿命周期综合重要度的基本性质及装备是二态系统时与 B-P 重要度之间的联系；给出了串—并联、并—串联典型混联结构装备系统的全寿命周期综合重要度计算方法的证明过程,并最终通过仿真分析验证了全寿命周期综合重要度在装备更换维修中的应用有效性。本书将全寿命综合重要度引入装备运行过程中的更换维修决策中,丰富了装备维修决策理论。

复杂装备结构复杂,耦合度高,在运行过程中具有很大的模糊性和不确定性,因此有必要基于复杂装备运行可靠性数据进行装备维护决策方法研究。本书分析复杂装备及子系统的所有故障模式,结合复杂装备应用环境的特殊性,提出双层模糊综合方法进行维修方式的决策,并以设备控制单元探头为例进行了实证分析,结果验证了方法的可行性,为企业在复杂装备维护决策中对不确定性信息的处理提供理论支撑。

复杂装备维修方案决策问题属于多属性群决策范畴,为解决因现代装备结构复杂、功能繁多导致备选维修方案评价指标体系普适性不强;专家评估信息具有不确定性、模糊性、冲突性及指标权重评价标准难以界定等问题,本书在以往研究的基础上,构建维修方案评估的初始指标体系,并进一步完善和修改评估指标体系,提高了指标的适用性。证据理论可以很好地处理专家评估信息中的不确定性问题,引入"可信度"和"相对确定性"概念修改原始证据理论合成规则,以减少专家信息合成的冲突性,通过直觉模糊集描述专家评语,构建模糊判断矩阵,运用主观赋权和客观赋权相结合的"结构熵权法"确定指标权重,以 TOPSIS 方法实现维修方案的筛选,最后通过算例分析验证了方法的有效性和可行性,为企业进行维修方案的评估提供决策依据。

7.2 研究展望

装备可靠性分析及维修决策研究是一个不断趋于完善的过程,随着装备新技术的快速发展,复杂装备可靠性分析与维修决策优化仍有很大研究空间。本书研究了复杂装备运行可靠性及维修策略相关问题,完成了装备运行过程中可靠性分析、维修决策及维修方案优化的技术研究与探索。由于复杂装备运行可靠性及维修决策研究的系统性和复杂性，相关研究还需进行补充和完善。

本书主要探索了复杂装备运行过程中的可靠性问题，而在设计、加工、装配等阶段形成的装备固有可靠性同样对装备服役阶段的性能状态退化产生关键影响。由于装备自身结构及固有可靠性形成的复杂性，书中并未具体分析固有可靠性对系统性能的影响；另外，在航天、航空、航海等工业领域，其装备具有典型多品种、小批量特征，由于缺少足够的统计数据（元件的失效数据、维修数据等），此时再通过数理方法得到装备及元件的统计参数是不精确的。因此，未来将考虑固有可靠性对装备性能的影响，也对缺少足量数据对复杂装备可靠性分析及维修决策影响进行深入的研究。

本书在对复杂装备运行过程更换维修、选择性维修决策进行研究时，为所建模型解析的方便性和满足马尔科夫性，假设元件的寿命分布和维修时间服从指数分布。而在元件的退化过程中，假设元件寿命服从威布尔分布与实际更为一致。因此在接下来的研究中需将复杂装备运行过程的维修决策方法继续深入和完善。研究元件的寿命分布、维修时间等服从不同类型分布的复杂装备维修决策问题是未来方向之一。

在服务化背景下，传统"制造＋销售"的生产型企业向"技术＋管理＋服务"的服务型转变，并成为装备制造业的发展趋势，许多学者研究了售后保质期内或超出保质期的装备维修决策问题；或是整体装备维修采取外包服务的决策问题；抑或维修人员非全职在岗维修问题。因此接下来的研究可将装备售后服务、维修外包等因素纳入复杂装备运行过程的维修决策研究中，进一步分析这些因素对复杂装备维修决策优化的影响。

复杂装备运行过程中的可靠性分析与维修策略的制定不仅仅是一个系统的体系，还是一个动态的机制。对于企业而言，如何快速、便利地收集与装备可靠性相关的各类信息情况，开发复杂装备维修决策智能化平台，并与现有的信息系统充分融合，从而实现对装备系统的动态性及不确定性做出正确且快速地反应，此类研究需进一步深入。

参考文献

[1]　国务院. 中国制造 2025[Z]. 2015-05-08.

[2]　赵磊, 张永祥, 朱丹宸. 复杂装备滚动轴承的故障诊断与预测方法研究综述 [J]. 中国测试, 2020, 46(03):17-25.

[3]　刘祥. 舰载大型复杂电子装备的可靠性评定工作 [J]. 舰船电子工程, 1999(04):51-54+50.

[4]　王华伟. 复杂系统可靠性分析与评估 [M]. 北京: 科学出版社, 2013.

[5]　金光. 复杂系统可靠性建模与分析 [M]. 北京: 国防工业出版社, 2015.

[6]　吴军, 陈作懿, 程一伟, 等. 任务驱动的复杂装备可靠性与维修性仿真方法研究 [J]. 舰船电子工程, 2019, 39(09):133-139..

[7]　张培跃, 钱思宇, 顾卫东, 等. 复杂电子装备可靠性评估方法研究 [J]. 电子产品可靠性与环境试验, 2019, 37(04):15-18.

[8]　汪惠芬, 梁光夏, 刘庭煜, 等. 基于改进模糊故障 Petri 网的复杂系统故障诊断与状态评价 [J]. 计算机集成制造系统, 2013, 19(12):3049-3061.

[9]　蔡志强, 孙树栋, 司书宾, 等. 基于 FMECA 的复杂装备故障预测贝叶斯网络建模 [J]. 系统工程理论与实践, 2013, 33(1):187-193.

[10]　丁申虎, 贾云献. 复杂装备复合维修的组合维修决策模型研究 [J]. 舰船电子工程, 2019, 39(07):142-145+149.

[11]　史跃东, 金家善, 徐一帆. 半马尔可夫跃迁历程下装备复杂系统多状态可靠性分析与评估 [J]. 系统工程与电子技术, 2019, 41(02):445-453.

[12]　郑维强, 冯毅雄, 谭建荣, 等. 面向维修的复杂装备模块智能聚类与优化求解技术 [J]. 计算机集成制造系统, 2012, 18(11):2459-2469.

[13]　王凌, 郑恩辉, 李运堂, 等. 维修决策建模和优化技术综述 [J]. 机械科学与技术, 2010,

29(1):133-140.

[14] 郭一帆, 唐家银. 基于机器学习算法的寿命预测与故障诊断技术的发展综述 [J]. 计算机测量与控制, 2019, 27(03):7-13.

[15] 方志耕, 陈顶, 刘思峰. 贫信息背景的复杂装备可靠性预测现状与展望 [J]. 指挥信息系统与技术, 2018, 9(05):1-8.

[16] 曹晋华. 可靠性数学引论 [M]. 北京: 高等教育出版社, 2012.

[17] 张志华. 可靠性理论及工程应用 [M]. 北京: 科学出版社, 2012.

[18] Hansen K L, Rush H. Hotspots in complex product systems: emerging issues in innovation management[J]. Technovation, 1998, 18(8): 555-590.

[19] Hobday M, Brady T. Rational versus soft management in complex software: lessons from flight simulation[J]. International Journal of Innovation Management, 1998, 2(01): 1-43.

[20] 李伯虎, 柴旭东, 熊光楞等. 复杂产品虚拟样机工程的研究与初步实践 [J]. 系统仿真学报, 2002, 14(3):336-341.

[21] 陈劲, 周子范, 周永庆. 复杂产品系统创新的过程模型研究 [J]. 科研管理, 2005, 26(2): 61-67.

[22] Gupta Y P, Somers T M. Availability of CNC machines: multiple-input transfer-function modeling[J]. Reliability, IEEE Transactions on, 1989, 38(3): 285-295.

[23] McGoldrick P F, Kulluk H. Machine tool reliability-a critical factor in manufacturing systems[J]. Reliability Engineering, 1986, 14(3): 205-221.

[24] Barlow R E, Fussell J B, Singpurwalla N D. Reliability and Fault Tree Analysis[J]. Technometrics, 1977, 19(3):346-347.

[25] Volkanovski A, Čepin M, Mavko B. Application of the fault tree analysis for assessment of power system reliability[J]. Reliability Engineering & System Safety, 2009, 94(6):1116-1127.

[26] 万良琪, 陈洪转, 欧阳林寒, 等. 柔顺复杂装备系统多状态动态退化演变可靠性建模与分析 [J]. 系统工程理论与实践, 2018, 38(10):2690-2702.

[27] 高馨, 葛智君, 胡宁, 等. Petri 网和离散负载下多态系统共因故障识别研究 [J]. 电子产品可靠性与环境试验, 2018, 36(S1):7-13.

[28] 董文杰, 刘思峰, 方志耕, 等. 基于 HGERT 网络模型的退化型失效可靠性评估 [J]. 系

统工程与电子技术, 2019, 41(01):208-214.

[29] 郝虹斐, 郭伟, 桂林, 等 . 非完美维修情境下的预防性维修多目标决策模型 [J]. 上海交通大学学报, 2018, 52(05):518-524.

[30] 闫旭, 宋太亮, 邢彪, 等 . 基于复杂网络的装备保障体系研究现状及展望 [J]. 火力与指挥控制, 2018, 43(02):1-4+11.

[31] Wang K S, Wan E H. Reliability consideration of a flexible manufacturing system from fuzzy information[J]. International Journal of Quality & Reliability Management, 1993, 10(7)：44-57.

[32] 金星, 张明亮, 王军, 等 . 大型复杂系统可靠性评定的近似计算方法 [J]. 装备指挥技术学院学报, 2004(05):53-56.

[33] Chew S P, Dunnett S J, Andrews J D. Phased mission modelling of systems with maintenance-free operating periods using simulated Petri nets[J]. Reliability Engineering & System Safety, 2008, 93(7):980-994.

[34] Volovoi V. Modeling of system reliability Petri nets with aging tokens[J]. Reliability Engineering & System Safety, 2004, 84(2):149-161.

[35] Sadou N, Demmou H. Reliability analysis of discrete event dynamic systems with Petri nets[J]. Reliability Engineering & System Safety, 2009, 94(11):1848-1861.

[36] Knezevic J, Odoom E R. Reliability modeling of repairable systems using Petri nets and fuzzy Lambda–Tau methodology[J]. Reliability Engineering & System Safety, 2001, 73(1):1-17.

[37] Weber P, Jouffe L. Reliability modelling with dynamic Bayesian networks[C]// Ifac Symposium on Fault Detection. 2003:57-62.

[38] Weber P, Jouffe L. Complex system reliability modelling with Dynamic Object Oriented Bayesian Networks (DOOBN)[J]. Reliability Engineering & System Safety, 2006, 91(2):149-162.

[39] Boudali H, Dugan J B. A discrete-time Bayesian network reliability modeling and analysis framework[J]. Reliability Engineering & System Safety, 2005, 87(3):337-349.

[40] Barton R M, Damon W W. Reliability in a multi-state system[C].The Sixth Annual Southeastern Symposium on Systems Theory, Louisiana, USA, 1974.

[41] El-Neweihi E, Proschan F, Sethuraman J. Multistate coherent systems[J]. Journal of Applied Probability, 1978: 675-688.

[42] Ross S M. Multivalued state component systems[J]. The annals of Probability, 1979, 7(2): 379-383.

[43] Levitin G, Lisnianski A, Ben-Haim H, et al. Redundancy optimization for series-parallel multi-state systems[J]. Reliability, IEEE Transactions on, 1998, 47(2): 165-172.

[44] Levitin G, Lisnianski A. Joint redundancy and maintenance optimization for multistate series–parallel systems[J]. Reliability Engineering & System Safety, 1999, 64(1): 33-42.

[45] Levitin G, Lisnianski A. A new approach to solving problems of multi - state system reliability optimization[J]. Quality and reliability engineering international, 2001, 17(2): 93-104.

[46] Levitin G. Optimal allocation of multi-state retransmitters in acyclic transmission networks[J]. Reliability Engineering & System Safety, 2002, 75(1): 73-82.

[47] Levitin G. Block diagram method for analyzing multi-state systems with uncovered failures[J]. Reliability Engineering & System Safety, 2007, 92(6): 727-734.

[48] 谭建荣. 复杂空气分离类成套装备超大型化与低能耗化的关键科学问题立项报告 [J]. 科技创新导报, 2016, 13(09):173-174.

[49] 范凯, 余思佳, 吴志赞, 等. 数字样机在核工业设备全生命周期的应用研究 [J]. 机械设计与制造, 2016(07):260-264.

[50] 任鑫, 谭新建, 王辉立, 等. 复杂装备系统可靠度和冗余度分配优化分析 [J]. 四川兵工学报, 2015, 36(10):67-70.

[51] 谢里阳, 刘建中, 吴宁祥, 等. 风电装备传动系统及零部件疲劳可靠性评估方法 [J]. 机械工程学报, 2014, 50(11):1-8.

[52] 牛佳伟. 基于改进 BP 神经网络的复杂机电装备运行状态监测 [J]. 机械工程师, 2016(09):70-72.

[53] 姚克, 方鹏, 邵俊杰, 等. 狭窄巷道小定向钻机及配套泥浆泵车的研制 [J]. 探矿工程 (岩土钻掘工程), 2016, 43(10):165-169.

[54] 熊文文, 刘杰, 卿启湘, 等. 基于概率与区间的盾构机云腿混合可靠性分析 [J]. 计算机仿真, 2015, 32(02):241-245+336.

[55] 钟季龙, 郭基联, 王卓健. 基于结构建模的装备体系结构可靠性混合模型 [J]. 系统工程与电子技术, 2015, 37(03):713-718.

[56] 高鹏, 谢里阳. 基于改进发生函数方法的多状态系统可靠性分析 [J]. 航空学报, 2010, 31(5):934-939.

[57] 方明. 基于改进模糊层次分析法的复杂装备可靠性分配研究 [J]. 电子设计工程, 2014, 22(10):117-119+123.

[58] 史跃东, 金家善, 徐一帆, 等. 基于发生函数的模糊多状态复杂系统可靠性通用评估方法 [J]. 系统工程与电子技术, 2018, 40(01):238-244.

[59] 马卫东, 王志颖. 基于 FSM 的现场控制系统通用架构及远程控制协议设计 [J]. 计算机测量与控制, 2013, 21(05):1226-1229.

[60] 王杰. 大型复杂电子系统电子元器件选用与管理方法研究 [J]. 环境技术, 2012, 37(02):33-36.

[61] 翟定军, 吴晓平, 叶清. 最小通路法在通信保密装备可靠性建模中的应用 [J]. 计算机与数字工程, 2009, 37(07):4-6+27.

[62] 王春友, 连光耀, 王振生, 刘彦宏. 便携式电路板自动测试系统的设计与实现 [J]. 计算机测量与控制, 2009, 17(12):2407-2409.

[63] 史俊斌, 姚富山, 史彦斌. 装备作战单元复杂任务可靠性模型研究 [J]. 科技创新导报, 2009(13):14.

[64] 史跃东, 陈砚桥, 金家善. 舰船装备多状态可修复系统可靠性通用生成函数解算方法 [J]. 系统工程与电子技术, 2016, 38(09):2215-2220.

[65] 陈利安, 肖明清, 赵鑫, 等. 复杂武器系统技术成熟度评估方法研究 [J]. 仪器仪表学报, 2012, 33(10):2395-2400.

[66] 韩小妹, 章磊. 基于 CAS 理论的航空装备可靠性管理模型研究 [J]. 微计算机信息, 2009, 25(09):44-45+14.

[67] Ushakov I A. Optimal standby problems and a universal generating function[J]. Soviet journal of Computer and System Science, 1986, 25(4):118-129.

[68] Levitin G, Amari S V. Multistate systems with multi-fault coverage[J]. Reliability Engineering & System Safety, 2008, 93(11):1730–1739.

[69] Levitin G, Xing L. Reliability and performance of multi-state systems with propagated

failures having selective effect[J]. Reliability Engineering & System Safety, 2010, 95(6):655-661.

[70] Levitin G. The universal generating function in reliability analysis and optimization[M]. London: Springer, 2005.

[71] Yeh W C, He X. A New Universal Generating Function Method for Estimating the Novel Multiresource Multistate Information Network Reliability[J]. IEEE Transactions on Reliability, 2010, 59(3):528-538.

[72] Yeh W C. A Modified Universal Generating Function Algorithm for the Acyclic Binary-State Network Reliability[J]. IEEE Transactions on Reliability, 2012, 61(3):702-709.

[73] Li Y F, Zio E. A multi-state model for the reliability assessment of a distributed generation system via universal generating function[J]. Reliability Engineering & System Safety, 2012, 106(5):28-36.

[74] Li Y F, Ding Y, Zio E. Random Fuzzy Extension of the Universal Generating Function Approach for the Availability/Reliability Assessment of Multi-State Systems under Aleatory and Epistemic Uncertainties[J]. IEEE Transactions on Reliability, 2013, 63(1):13–25.

[75] Destercke S, Sallak M. An extension of Universal Generating Function in Multi-State Systems Considering Epistemic Uncertainties[J]. IEEE Transactions on Reliability, 2013, 62(2):504-514.

[76] Lisnianski A, Levitin G. Multi-State System Reliability, Assessment, Optimization and Applications[J]. Assessment Optimization & Applications World Scientific, 2003, 6:207-237.

[77] Xue J, Yang K. Dynamic reliability analysis of coherent multistate systems[J]. IEEE Transactions on Reliability, 1996, 44(4):683-688.

[78] Soro I W, Nourelfath M, Aït-Kadi D. Performance evaluation of multi-state degraded systems with minimal repairs and imperfect preventive maintenance[J]. Reliability Engineering & System Safety, 2010, 95(2):65-69.

[79] Vlad Barbu, Michel Boussemart, Nikolaos Limnios. Discrete-Time Semi-Markov Model for Reliability and Survival Analysis[J]. Communication in Statistics- Theory and Methods, 2006, 33(11):2833-2868.

[80] Malefaki S, Limnios N, Dersin P. Reliability of maintained systems under a semi-Markov setting[J]. Reliability Engineering & System Safety, 2014, 131(3):282-290.

[81] Mcgough J, Reibman A, Trivedi K. Markov reliability models for digital flight control systems[J]. Journal of Guidance Control & Dynamics, 2015, 12(2):209-219.

[82] Rocco C M, Zio E. Global Sensitivity Analysis of Power Systems Components—Markov Reliability Models[C]// International Conference on Vulnerability and Risk Analysis and Management. 2014:1514-1522.

[83] Ramirez-Marquez J E, Coit D W. A Monte-Carlo simulation approach for approximating multi-state two-terminal reliability[J]. Reliability Engineering & System Safety, 2005, 87(2):253-264.

[84] Zio E, Baraldi P, Patelli E. Assessment of the availability of an offshore installation by Monte Carlo simulation[J]. International Journal of Pressure Vessels & Piping, 2006, 83(4):312-320.

[85] Zio E, Pedroni N. Monte Carlo simulation-based sensitivity analysis of the model of a thermal–hydraulic passive system[J]. Reliability Engineering & System Safety, 2012, 107(4):90-106.

[86] Zio E. The Monte Carlo Simulation Method for System Reliability and Risk Analysis[M]. London: Springer, 2013.

[87] Hoseinie S H, Khalokakaie R, Ataei M, et al. Monte Carlo reliability simulation of coal shearer machine[J]. International Journal of Performability Engineering, 2013, 9(5):487-494.

[88] Aven T. Reliability Evaluation of Multistate Systems with Multistate Components[J]. IEEE Transactions on Reliability, 1985, R-34(5):473-479.

[89] Yeh W C. A new approach to evaluate reliability of multistate networks under the cost constraint[J]. Omega, 2005, 33(3):203-209.

[90] Huang Z X. Fault tree analysis method of a system having components of multiple failure modes[J]. Microelectronics Reliability, 1983, 23(2):325-328.

[91] Kai Y. Multistate fault-tree analysis[J]. Reliability Engineering & System Safety, 1990, 28(1):1-7.

[92] Shrestha A, Xing L. A Logarithmic Binary Decision Diagram-Based Method for Multistate System Analysis[J]. IEEE Transactions on Reliability, 2009, 57(4):595-606.

[93] Zaitseva E, Levashenko V. Decision Diagrams for Reliability Analysis of Multi-State System[C]// International Conference on Dependability of Computer Systems, 2008. Depcos-Relcomex. 2008:55-62.

[94] Shrestha A, Xing L, Dai Y. Reliability analysis of multi-state phased-mission systems[C]// Reliability and Maintainability Symposium, 2009. RAMS 2009. Annual. IEEE, 2009:151-156.

[95] Song J, L.Z. Moment Method Based on Fuzzy Reliability Sensitivity Analysis for a Degradable Structural System[J]. Chinese Journal of Aeronautics, 2008, 21(6):518-525.

[96] 唐俊, 张明清. 基于 Bayes Monte Carlo 方法的小样本模糊可靠性仿真研究 [J]. 系统仿真学报, 2009, 21(23):7557-7559.

[97] 向宇, 黄大荣, 黄丽芬. 基于灰色关联理论 AGREE 方法的 BA 系统可靠性分配 [J]. 计算机应用研究, 2010, 27(12):4489-4491.

[98] Savage G J, Son Y K. The set-theory method for systems reliability of structures with degrading components[J]. Reliability Engineering & System Safety, 2011, 96(1):108-116.

[99] 原菊梅, 侯朝桢, 高琳, 等. 粗糙 Petri 网及其在多状态系统可靠性估计中的应用 [J]. 兵工学报, 2007, 28(11):1373-1376.

[100] 王武宏, 杨为民. 复杂可修系统效能中可信度矩阵的构造方法 [J]. 北京航空航天大学学报 ,1998(06):3-5.

[101] 青星, 刘安心, 张晓南, 等. 基于复杂部件可靠性与费用约束的工程装备状态检修策略 [J]. 四川兵工学报 ,2010,31(12):35-37.

[102] 杜军乐, 夏良华, 齐伟伟, 等. 面向健康管理的复杂装备维修模糊聚类 [J]. 计算机应用 ,2012,32(07):2053-2055.

[103]] 孙伟峰, 张兴芳, 宣征南, 等. 航空及武器装备领域基于可靠性的维修的发展经验对其在石化领域应用的启示 [J]. 化工进展 ,2015,34(01):32-36.

[104] 刘慎洋, 高崎, 葛阳, 等. 视情维修条件下备件消耗规律 [J]. 运筹与管理 , 2016,25(05):180-183.

[105] 丁申虎, 贾云献. 基于工龄更换的复杂装备组合维修优化模型研究 [J]. 火炮发射与控

制学报,2019,40(02):98-102.

[106] Zhao X, Al-Khalifa K N, Nakagawa T. Approximate methods for optimal replacement, maintenance, and inspection policies[J]. Reliability Engineering & System Safety, 2015, 144:68-73.

[107] Zong S, Chai G, Zhang Z G, et al. Optimal replacement policy for a deteriorating system with increasing repair times[J]. Applied Mathematical Modelling, 2013, 37(23):9768-9775.

[108] Chang C C. Optimum preventive maintenance policies for systems subject to random working times, replacement, and minimal repair[J]. Computers & Industrial Engineering, 2014, 67(1):185-194.

[109] Sheu S H, Liu T H, Zhang Z G, et al. Extended Optimal Replacement Policy for a Two-Unit System With Shock Damage Interaction[J]. IEEE Transactions on Reliability, 2015, 64(3):998-1014.

[110] Wang W, Zhao F, Peng R. A preventive maintenance model with a two-level inspection policy based on a three-stage failure process[J]. Reliability Engineering & System Safety, 2014, 121(1):207-220.

[111] Golmakani H R, Pouresmaeeli M. Optimal replacement policy for condition-based maintenance with non-decreasing failure cost and costly inspection[J]. Journal of Quality in Maintenance Engineering, 2014, 20(1):51-64.

[112] Caballé N.C., Castro I.T., Pérez C.J., et al. A condition-based maintenance of a dependent degradation-threshold-shock model in a system with multiple degradation processes[J]. Reliability Engineering & System Safety, 2015, 134(4):98-109.

[113] Do P, Voisin A, Levrat E, et al. A proactive condition-based maintenance strategy with both perfect and imperfect maintenance actions[J]. Reliability Engineering & System Safety, 2014, 133(11):22-32.

[114] Chen N, Ye Z S, Xiang Y, et al. Condition-based maintenance using the inverse Gaussian degradation model[J]. European Journal of Operational Research, 2015, 243(1):190-199.

[115] Shafiee M, Finkelstein M. An optimal age-based group maintenance policy for multi-unit degrading systems[J]. Reliability Engineering & System Safety, 2015, 134(9):230-238.

[116] Vu H C, Do P, Barros A. A Stationary Grouping Maintenance Strategy Using Mean Residual

Life and the Birnbaum Importance Measure for Complex Structures[J]. IEEE Transactions on Reliability, 2015, 65(1):217-234.

[117] Do P, Hai C V, Barros A, et al. Maintenance grouping for multi-component systems with availability constraints and limited maintenance teams[J]. Reliability Engineering & System Safety, 2015, 142(22):56-67.

[118] Hai C V, Van P D, Barros A. A comparison of different maintenance grouping strategies for multi-component systems with complex structure[C]// The European Safety and Reliability Conference Esrel. 2015.

[119] Hu J, Zhang L. Risk based opportunistic maintenance model for complex mechanical systems[J]. Expert Systems with Applications, 2014, 41(6):3105-3115.

[120] Rice W F, Cassady C R, Nachlas J A. Optimal maintenance plans under limited maintenance time[C]//Proceedings of the seventh industrial engineering research conference. 1998.

[121] Cassady C R, Murdock W P, Pohl E A. Selective maintenance for support equipment involving multiple maintenance actions[J]. European Journal of Operational Research, 2001, 129(2): 252-258.

[122] Barone G, Dan M F. Reliability, risk and lifetime distributions as performance indicators for life-cycle maintenance of deteriorating structures[J]. Reliability Engineering & System Safety, 2014, 123(3):21-37.

[123] Dao C D, Zuo M J, Pandey M. Selective maintenance for multi-state series–parallel systems under economic dependence[J]. Reliability Engineering & System Safety, 2014, 121(1):240-249.

[124] Park M, Pham H. Cost Models for Age Replacement Policies and Block Replacement Policies under Warranty[J]. Applied Mathematical Modelling, 2016, 40(9-10):5689-5702.

[125] Shang L, Si S, Cai Z. Optimal maintenance–replacement policy of products with competing failures after expiry of the warranty[J]. Computers & Industrial Engineering, 2016, 98:68-77.

[126] Shafiee M, Chukova S. Maintenance models in warranty: A literature review[J]. European Journal of Operational Research, 2013, 229(3):561-572.

[127] Ülkü Gürler, Kaya A. A maintenance policy for a system with multi-state components: an

approximate solution[J]. Reliability Engineering & System Safety, 2002, 76(2):117-127.

[128] Amari S V, Mclaughlin L, Pham H. Cost-Effective Condition-Based Maintenance Using Markov Decision Processes[J]. Reliability and Maintainability Symposium, Newport Beach, 2006:464-469.

[129] Nourelfath M, Ait-Kadi D. Optimization of series–parallel multi-state systems under maintenance policies[J]. Reliability Engineering & System Safety, 2007, 92(12):1620-1626.

[130] Ponchet A, Fouladirad M, Grall A. Assessment of a maintenance model for a multi-deteriorating mode system[J]. Reliability Engineering & System Safety, 2010, 95(11):1244-1254.

[131] Xu M, Chen T, Yang X. Optimal replacement policy for safety-related multi-component multi-state systems[J]. Reliability Engineering & System Safety, 2012, 99(3):87-95.

[132] Lisnianski A, Frenkel I, Khvatskin L, et al. Maintenance contract assessment for aging systems[J]. Quality & Reliability Engineering International, 2008, 24(5):519-531.

[133] Ding Y, Lisnianski A, Frenkel I, et al. Optimal corrective maintenance contract planning for aging multi-state system[J].Applied Stochastic Models in Business and Industry, 2009, 25(5): 612-631.

[134] Kim M J, Makis V. Optimal maintenance policy for a multi-state deteriorating system with two types of failures under general repair[J]. Computers & Industrial Engineering, 2009, 57(1): 298-303.

[135] Xiang Y, Cassady C R, Pohl E A. Optimal maintenance policies for systems subject to a Markovian operating environment[J]. Computers & Industrial Engineering, 2012, 62(1): 190-197

[136] Barata J, Soares C G, Marseguerra M, et al. Simulation modelling of repairable multi-component deteriorating systems for 'on condition' maintenance optimisation[J]. Reliability Engineering & System Safety, 2002, 76(3):255-264.

[137] Chen T, Popova E. Maintenance policies with two-dimensional warranty[J]. Reliability Engineering & System Safety, 2002, 77(1):61-69.

[138] Hilber P, Miranda V, Matos M A, et al. Multi-objective Optimization Applied to Maintenance Policy for Electrical Networks[J]. IEEE Transactions on Power Systems Pwrs,

2007, 22(4):1675-1682.

[139] Clavareau J, Labeau P E. Maintenance and replacement policies under technological obsolescence[J]. Reliability Engineering & System Safety, 2009, 94(2):370-381.

[140] Kobbacy K A H. Artificial Intelligence in Maintenance[M]// Complex System Maintenance Handbook. Springer London, 2008:209-231.

[141] Nebot Y, Sánchez A, Pitarch J L, et al. RAMS+C informed decision-making with application to multi-objective optimization of technical specifications and maintenance using genetic algorithms[J]. Reliability Engineering & System Safety, 2005, 87(1):65-75.

[142] Morcous G, Lounis Z. Maintenance optimization of infrastructure networks using genetic algorithms[J]. Automation in Construction, 2005, 14(1):129-142.

[143] Martorell S, Villamizar M, Carlos S, et al. Maintenance modeling and optimization integrating human and material resources[J]. Reliability Engineering & System Safety, 2010, 95(12):1293-1299.

[144] Charongrattanasakul P, Pongpullponsak A. Minimizing the cost of integrated systems approach to process control and maintenance model by EWMA control chart using genetic algorithm[J]. Expert Systems with Applications, 2011, 38(5):5178-5186.

[145] Hai C V, Do P, Barros A, et al. Maintenance grouping strategy for multi-component systems with dynamic contexts[J]. Reliability Engineering & System Safety, 2014, 132(12):233-249.

[146] Lugtigheid D, Banjevic A, Jardine A K S. Modelling repairable system reliability with explanatory variables and repair maintenance actions[J]. Ima Journal of Management Mathematics, 2004, 15(2):89-110.

[147] Nielsen J J, Sørensen J D. On risk-based operation and maintenance of offshore wind turbine components[J]. Reliability Engineering & System Safety, 2011, 96(1):218-229.

[148] Boondiskulchock R, Murthy D N P, Pongpech J. Maintenance strategies for used equipment under lease[J]. Journal of Quality in Maintenance Engineering, 2006, 12(1):52-67.

[149] Liu B, Xu Z, Xie M, et al. A value-based preventive maintenance policy for multi-component system with continuously degrading components[J]. Reliability Engineering & System Safety, 2014, 132(132):83-89.

[150] Gustavsson E, Patriksson M, Strömberg A B, et al. Preventive maintenance scheduling of

multi-component systems with interval costs[J]. Computers & Industrial Engineering, 2014, 76(3):390-400.

[151] Irfan Ali, Yashpal Singh Raghav, M. Faisal Khan, et al. Selective Maintenance in System Reliability with Random Costs of Repairing and Replacing the Components[J]. Communication in Statistics-Simulation and Computation, 2013, 42(9):2026-2039.

[152] 徐宗昌, 郭建, 张文俊, 等. 复杂可修装备维修策略优化研究综述 [J]. 计算机测量与控制, 2018, 26(12):1-5.

[153] 吴军, 陈作懿, 程一伟, 等. 任务驱动的复杂装备可靠性与维修性仿真方法研究 [J]. 舰船电子工程, 2019, 39(09):133-139.

[154] 晋旭博, 闫玉波. 基于 BP 神经网络的复杂装备核心配件健康评估 [J]. 信息与电脑 (理论版), 2019(07):35-36+39.

[155] 吴军, 陈作懿, 程一伟, 等. 任务驱动的复杂装备可靠性与维修性仿真方法研究 [J]. 舰船电子工程, 2019, 39(09):133-139.

[156] 徐宗昌, 郭建, 张文俊, 等. 复杂可修装备维修策略优化研究综述 [J]. 计算机测量与控制, 2018, 26(12):1-5.

[157] Pritsker A A B, Whitehouse G E. GERT: Graphical evaluation and review technique: Part II, probabilistic and industrial engineering application[J]. 1996,17(6):57-64.

[158] Agarwal M, Sen K, Mohan P. GERT Analysis of m-Consecutive-k -Out-of-n Systems[J]. IEEE Transactions on Reliability, 2007, 56(1):26-34.

[159] 李成川, 李聪波, 曹华军, 等. 基于 GERT 图的废旧零部件不确定性再制造工艺路线模型 [J]. 计算机集成制造系统, 2012, 18(2):298-305.

[160] 杨红旗, 方志耕, 陶彦良. 复杂装备研制项目进度规划 GERT 网络 "反问题" 模型 [J]. 系统工程与电子技术, 2015(12):2758-2763.

[161] 刘远, 方志耕, 刘思峰, 等. 基于供应商图示评审网络的复杂产品关键质量源诊断与探测问题研究 [J]. 管理工程学报, 2011, 25(02):212-219.

[162] 杨保华, 方志耕, 张娜, 等. 基于多种不确定性参数分布的 U-GERT 网络模型及其应用研究 [J]. 中国管理科学, 2010(02):96-101.

[163] 刘家树, 菅利荣. 基于 GERT 网络模型的技术创新过程不确定性测度 [J]. 系统工程, 2012(12):64-69.

[164] 方志耕, 杨保华, 陆志鹏, 等. 基于 Bayes 推理的灾害演化 GERT 网络模型研究 [J]. 中国管理科学, 2009, 17(2): 102-107.

[165] Hu J, Zhang L, Ma L, et al. An integrated safety prognosis model for complex system based on dynamic Bayesian network and ant colony algorithm[J]. Expert Systems with Applications, 2011, 38(3):1431-1446.

[166] 赵明, 张海波, 陆凡. 新型复杂装备特点及对维修保障能力的要求 [J]. 装备学院学报, 2013, 24(05):7-9.

[167] 郑维强, 冯毅雄, 谭建荣, 等. 面向维修的复杂装备模块智能聚类与优化求解技术 [J]. 计算机集成制造系统, 2012, 18(11):2459-2469.

[168] 王锟, 王洁, 冯刚, 等. 复杂装备故障预测与健康管理体系结构研究 [J]. 计算机测量与控制, 2012, 20(07):1740-1743.

[169] 刘海洋, 郭立峰. 基于 IDEF3 的复杂装备系统维修任务模型研究 [J]. 舰船电子工程, 2008(09):23-27.

[170] Tan C M, Raghavan N. A framework to practical predictive maintenance modeling for multi-state systems[J]. Reliability Engineering & System Safety, 2008, 93(8):1138-1150.

[171] 郭小威, 李保刚, 滕克难. 基于可用度的复杂结构装备检修时机决策模型 [J]. 运筹与管理, 2018, 27(02):11-14.

[172] 韩朝帅, 王坤, 潘恩超, 等. 基于云理论的复杂装备维修性指标评价研究 [J]. 兵器装备工程学报, 2017, 38(03):72-76.

[173] 胡志刚, 黎放, 徐朋. 基于 PN 和 UML 相结合的复杂装备维修性验证 [J]. 武汉理工大学学报 (信息与管理工程版), 2007(07):87-91.

[174] Birnbaum Z W. On the Importance of Different Components in a Multi-Component System[J]. Multivariate Analysis II, 1968:581-592.

[175] Zio E, Podofillini L. Monte-Carlo simulation analysis of the effects on different system performance levels on the importance on multi-state components" Reliability Engineering & System Safety[J]. Meat Science, 2004, 66(1):113–124.

[176] Griffith W S. Multistate reliability models[J]. Journal of Applied Probability, 1980, 17(3):735-744

[177] Lambert H E. Fault Trees for Decision Making in Systems Analysis[D].University of

California, Livermore, 1975.

[178] Vesely W E. A time-dependent methodology for fault tree evaluation[J]. Nuclear Engineering & Design, 1970, 13(2):337-360.

[179] Vesely W E, Davis T C, Denning R S, et al. Measures of risk importance and their applications [J].NUREG/CR-3385, 1983,2-6.

[180] Barlow R E, Proschan F. Importance of system components and fault tree events[J]. Stochastic Processes & Their Applications, 1975, 3(2):153-173.

[181] Boland P J, El-Neweihi E, Proschan F. Redundancy importance and allocation of spares in coherent systems[J]. Journal of Statistical Planning & Inference, 1991, 29(1–2):55-65.

[182] Hong J S, Lie C H. Joint reliability-importance of two edges in an undirected network[J]. IEEE Transactions on Reliability, 1993, 42(1):17-23, 33.

[183] Ramirez-Marquez J E, Coit D W. Composite importance measures for multi-state systems with multi-state components[J]. IEEE Transactions on Reliability, 2005, 54(3):517-529.

[184] 杨春辉, 魏军, 姚路. 基于质量功能展开和证据理论的复杂装备维修可达性综合评价 [J]. 计算机集成制造系统, 2009, 15(11):2172-2177.

[185] 昝翔, 陈春良, 张仕新, 等. 考虑权重演化的装备重要度动态评估方法 [J]. 系统工程与电子技术, 2017, 39(09):2022-2030.

[186] 王瑛, 孙赟, 孟祥飞, 等. 基于机会理论的复杂装备系统风险传递 GERT 研究 [J]. 系统工程与电子技术, 2018, 40(12):2707-2713.

[187] 刘彦, 陈春良, 昝翔, 等. 考虑双层耦合复杂网络的装备重要度评估方法[J]. 兵工学报, 2018, 39(09):1829-1840.

[188] 张强, 曹军海, 宋太亮, 等. 基于合度的装备保障网络节点重要性评估 [J]. 系统仿真学报, 2019, 31(12):2657-2663.

[189] 尹晓虎, 钱彦岭, 杨拥民, 等. 基于熵的装备维修系统效能评估与仿真 [J]. 系统仿真学报, 2008(16):4404-4407.

[190] 王飞, 魏法杰. 大型复杂装备研发成本控制专家系统 [J]. 北京航空航天大学学报, 2010, 36(04):490-494.

[191] 江莲, 李荣修. 基于特征提取的装备可靠性不确定度量方法 [J]. 船电技术, 2017, 37(05):66-68.

[192] Si S, Dui H, Cai Z, et al. The Integrated Importance Measure of Multi-State Coherent Systems for Maintenance Processes[J]. IEEE Transactions on Reliability,2012,61(2):266~273.

[193] 司书宾, 杨柳, 蔡志强, 等 . 二态系统组 (部) 件综合重要度计算方法研究 [J]. 西北工业大学学报, 2011, 29(6):939-947.

[194] 涂慧玲, 张胜贵, 司书宾, 等 . 面向维修过程的多态混联系统综合重要度计算方法 [J]. 自动化学报, 2014, 40(01):126-134.

[195] Dui H, Si S, Cui L, et al. Component Importance for Multi-State System Lifetimes With Renewal Functions[J]. IEEE Transactions on Reliability,2014,63(1):105~117.

[196] 兑红炎, 司书宾, 蔡志强, 等 . 综合重要度的梯度表示方法 [J]. 西北工业大学学报, 2013, 31(02):259-2654.

[197] 武万 . 西气东输一线、二线燃驱压缩机组运行统计分析与提升措施 [J]. 自动化应用, 2019(03):41-43.

[198] 张勇 . 燃驱离心压缩机组现场安装调试及运行初期故障分析 [J]. 内燃机与配件, 2019(04):138-141.

[199] 唐炜 . 西气东输压缩机控制系统典型故障分析处理研究 [J]. 电工技术, 2018(14):108-110.

[200] 庞树红, 钟帅帅 . 天然气管道输送中燃驱压缩机技术的应用与发展 [J]. 化工设计通讯, 2018, 44(06):65.

[201] 周英果 . 天然气管道离心式燃驱压缩机组故障分析 [J]. 云南化工, 2018, 45(03):106.

[202] 刘白杨, 王宁, 陈旭升, 等 . 西气东输干线燃驱压缩机组故障停机分析及建议 [J]. 油气储运, 2018, 37(06):715-720.

[203] 郭刚, 高仕玉, 卜乾 . 西气东输管道燃驱压缩机组节能改造的实施与效果 [J]. 燃气轮机技术, 2017, 30(02):64-67.

[204] 杨阳, 姜帅 .RB211 燃驱压缩机启动系统故障分析 [J]. 中国石油石化, 2017(06):139-140.

[205] 刘白杨, 王宁 . 燃驱离心压缩机组远程监测诊断系统建设研究 [J]. 化工管理, 2016(28):130.

[206] 林勇, 余国平 .GE 燃驱机组箱体通风故障停机原因与对策 [J]. 石油工程建设, 2010,

36(03):86-89.

[207] 孙启敬, 尚云莉, 涂怀鹏. 管道燃驱压缩机组维修方式探讨 [J]. 燃气轮机技术, 2010, 23(01):60-64.

[208] 段志刚, 李长俊, 李川, 等. 基于 RCM 的电驱压缩机故障分析 [J]. 油气储运, 2013, 32(9): 993-996.

[209] 陈忱, 王明明, 周锡河. 燃气驱动压缩机失效故障树分析方法 [J]. 石油规划设计, 2009, 03:8-10.

[210] 宾光富, 李学军, DHILLON Balbir-S, 等. 基于模糊层次分析法的设备状态系统量化评价新方法 [J]. 系统工程理论与实践, 2010, 30:744-750.

[211] 胡志刚, 黎放, 陈波. 复杂装备维修性验证仿真方法研究 [J]. 系统仿真学报, 2007(S1):206-209.

[212] 金卫东, 王松岭. 复杂装备系统维修性分配方法研究 [J]. 信息与电脑 (理论版), 2011(12):211-212.

[213] 王向博, 贾红丽, 刘钢, 等. 基于数据挖掘的复杂装备维修辅助决策研究 [J]. 计算机与数字工程, 2012, 40(08):142-145.

[214] 邓力, 马登武, 吴明辉. 复杂装备维修方式决策方法研究 [J]. 航空维修与工程, 2013(04):48-51.

[215] 郭涛, 刘敬明, 介党阳. 层次分析法在复杂装备维修预计中的应用 [J]. 四川兵工学报, 2015, 36(03):80-83.

[216] 冯宇, 张桦, 刘鑫, 等. 基于 BP 神经网络的复杂装备维修能力评估 [J]. 计算机与数字工程, 2017, 45(04):675-678.

[217] 董鹏, 颜功达, 余鹏, 等. 复杂装备维修项目风险评估与控制 CPN 模型 [J]. 火力与指挥控制, 2019, 44(10):32-37.

[218] Velmurugan R S, Dhingra T. Maintenance strategy selection and its impact in maintenance function[J].International Journal of Operations & Production Management, 2015, 35(12):1622-1661.

[219] Pandey M, Zuo M J, Moghaddass R, et al. Selective maintenance for binary systems under imperfect repair[J]. Reliability Engineering & System Safety,2013,113(1):42~51.

[220] Liu Y, Huang H Z. Optimal Selective Maintenance Strategy for Multi-State Systems

Under Imperfect Maintenance[J]. Annual Reliability & Maintainability Symposium, 2009, 59(2):321-326.

[221] Bevilacqua M, Braglia M. Analytic hierarchy process applied to maintenance strategy selection[J]. Reliability Engineering & System Safety, 2000, 70(1):71-83.

[222] Bertolini M, Bevilacqua M. A combined goal programming—AHP approach to maintenance selection problem[J]. Reliability Engineering & System Safety, 2006, 91(7):839-848.

[223] Wang L, Chu J, Wu J. Selection of optimum maintenance strategies based on a fuzzy analytic hierarchy process[J]. International Journal of Production Economics, 2007, 107(1):151-163.

[224] Xie H, Shi L, Xu H. Transformer Maintenance Policies Selection Based on an Improved Fuzzy Analytic Hierarchy Process[J]. Journal of Computers, 2013, 8(5):1343-1350.

[225] Ding S H, Kamaruddin S, Azid I A. Development of a model for optimal maintenance policy selection[J]. European Journal of Industrial Engineering, 2014, 8(1):50-68.

[226] Aghaee M, Fazli S. An improved MCDM method for maintenance approach selection: A case study of auto industry[J]. Management Science Letters, 2012, 2(1):137-146.

[227] Ahmadi A, Gupta S, Karim R, et al. Selection of maintenance strategy for aircraft systems using multi-criteria decision making methodologies[J]. International Journal of Reliability Quality & Safety Engineering, 2010, 17(3):223-243.

[228] 王宝荣 . 浅谈设备管理中的事前事后维修及定期维修的相互关系 [J]. 科技经济导刊, 2016(07):200+199.

[229] 冯飞, 张深逢, 周勇 . 以可靠性为中心的维修决策研究 [J]. 华北水利水电大学学报 (自然科学版), 2014, 35(04):79-84.

[230] 张卓, 高鹰, 李宝鹏, 等 . 航空装备事后维修策略研究 [J]. 航空科学技术, 2009(02):14-15.

[231] 黄健 . 基于遗传算法和非线性规划的设备预防维修周期优化模型 [J]. 数学理论与应用, 2017, 37(02):88-96.

[232] 刘勤明, 叶春元, 吕文元 . 考虑中间库存缓冲区的多目标设备不完美预防维修策略研究 [J]. 运筹与管理, 2020, 29(10):126-131.

[233] 贺德强, 罗安, 肖红升, 等 . 基于可靠性的列车关键部件机会预防性维修优化模型研

究 [J]. 铁道学报，2020，42(05):37-43.

[234] 孙超杰. 车辆装备单部件视情维修检测间隔期优化研究 [J]. 科学技术创新，2020(25):185-186.

[235] 程志君，杨征，谭林. 基于机会策略的复杂系统视情维修决策模型 [J]. 机械工程学报，2012，48(06):168-174.

[236] 江志凌，刘艳超，熊坚，等. 卷烟制造设备预测性维修实施前提评估标准研究 [J]. 中国设备工程，2020(16):26-29.

[237] 郗海龙，庄佳平，逄格新. 基于故障预测的舰船电子装备综合诊断问题研究 [J]. 舰船电子工程，2020，40(08):12-13+38.

[238] Atanassov K. Intitionistic fuzzy sets[J].Fuzzy Sets and Systems,1986,20(1):87-96.

[239] 程启月. 评测指标权重确定的结构熵权法 [J]. 系统工程理论与实践，2010，30(7):1225-1228.

[240] Dempster A P. Upper and Lower Probabilities Induced by a Multivalued Mapping[J]. Annals of Mathematical Statistics, 1967, 38(2):325-339.

[241] Shafer G. A mathematical theory of evidence[J]. Technometrics, 1978, 20(1):242.

[242] Jousselme A L, Grenier D, Éloi Bossé. A new distance between two bodies of evidence[J]. Information Fusion, 2001, 2(01):91-101.

[243] Dubois D, Gottwald S, Hajek P, et al. Terminological difficulties in fuzzy set theory—The case of "Intuitionistic Fuzzy Sets" [J]. Fuzzy Sets & Systems, 2005, 156(3):485-491.